农作制度新模式与技术

浙江省杭州市萧山区农业技术推广中心
浙江省农技推广基金会杭州萧山区执行部 组编

金盾出版社

内 容 提 要

本书选编浙江省杭州市萧山区各镇(街道)、场、公司农作制度新模式与技术 65 篇,分粮油篇、蔬菜篇、畜牧篇、水产篇、林特篇、综合篇六部分。这些新模式与技术来自于农业生产一线,具有显明的先进性和很强的实用性,可在当地农村推广应用,亦可供自然条件相似地区的农村和农业管理部门学习借鉴。

图书在版编目(CIP)数据

农作制度新模式与技术/程湘虹等编著. —北京:金盾出版社,2008.12
ISBN 978-7-5082-5432-6

Ⅰ. 农… Ⅱ. 程… Ⅲ. 耕作制度—研究—杭州市 Ⅳ. S344

中国版本图书馆 CIP 数据核字(2008)第 170871 号

金盾出版社出版、总发行
北京太平路 5 号(地铁万寿路站往南)
邮政编码:100036　电话:68214039　83219215
传真:68276683　网址:www.jdcbs.cn
北京百花彩印有限公司印刷
北京百花彩印有限公司装订
各地新华书店经销
开本:787×1092 1/16　印张:12.25　彩页:4　字数:210 千字
2008 年 12 月第 1 版第 1 次印刷
印数:1～4 000 册　定价:25.00 元

《农作制度新模式与技术》编委会

序　言

改革开放30年来,我省的农业和农村经济社会发展发生了深刻的变革,取得了巨大的成就。浙江是个资源小省,"七山一水二分田","人多地少"的现实环境,促使浙江人民精耕细作,集约利用土地,使"一亩土地(水面)发挥出了两亩、三亩的效益"。同时,我省处于东南沿海长江三角洲南翼,气候温暖,光照充沛,适合农、林、牧、渔、副各产业的综合发展。上世纪60、70年代,浙江人民就在水稻种植上改单季稻为双季稻,改间作稻为连作稻,进而发展成为"三熟制",促进了耕作制度的优化更新。进入新世纪后,随着各级政府对农业的重视,加快了农技推广的步伐,农民群众的创造性得到空前的发挥,浙江省农技推广基金会更是致力于农作制度创新的研究与实践。2005年省农技推广基金会成立10周年时,在人民群众和科技工作者充分实践的基础上,系统总结出种养结合、粮经结合、粮饲牧结合、水产生态养殖、林地复合经营、农业废弃物资源化循环利用、生态农业休闲旅游观光等7种农作制度创新模式,得到了中央、省、市各级领导的高度重视和支持。各级农业部门也把农作制度创新模式作为转变农业发展方式、建设生态现代农业的重要举措。系统总结推广这些模式,对于提高我省土地的利用率、增加经济效益、促进农民增收、推动社会主义新农村建设具有十分重要的作用。

现在,由杭州市萧山区农业技术推广中心和浙江省农技推广基金会杭州市萧山区执行部联合组编的《农作制度新模式与技术》一书即将付梓,我感到由衷地高兴。作为一个基层的区级单位,在注重农业技术推广的同时,能够十分重视农作制度创新经验的总结和推广,难能可贵。

综观本书的内容,有三个鲜明的特点。

一是本书的编辑出版符合十七届三中全会精神,体现了科学发展观的要求。党的十七届三中全会作出了《关于推进农村改革发展若干重大问题的决定》,决定明确指出"发展现代农业,必须按照高产、优质、生态、安全的要求,加快转变农业发展方式,推进农业科技进步和创新,加强农业物质技术装备,健全农业产业体系,提高土地产出率、资源利用率、劳动生产率。"《农作制度新模式与技术》一书系统总结了萧山高效生态农业的经验,这些模式可以较大程度地提高资源利用率,推进循环经济发展,增加土地产出率,有很强的借鉴作用。

二是本书的编辑出版具有鲜明的实用性,农民群众易学易用。本书编委非常重视对农作制度新模式、农业科学新技术的总结和研究,并突出强调实用性和可操作性。语言通俗易懂,模式简单明晰,操作方法具体清楚,农民群众看得懂、学得会,用得上。可以有效地帮助农民掌握新模式、新技术,加快农业发展方式的转变,促进农业增效、农民增收,为农民致富提供了良好的途径。

三是本书的编辑出版是广大农民与基层科技工作者实践的产物和智慧的结晶,带着浓厚的泥土芳香。萧山的广大农业科技工作者、种养大户在现代农业实践的基础上,能够深入思考,系统总结,编写出版这样一部著作,非常不容易。它是对萧山改革开放30年来农技推广经验的全面总结,也为未来现代农业的发展提供了有益的参考。阅读并使用本书,对于萧山的农民和类似萧山这种地区的农民,一定会带来新的启示和借鉴,并不断推进本地区农作制度的优化更新。

最后,衷心期待阅读本书的读者能够从中获得教益,从而指导自身的农业生产建设。也希望杭州市萧山区农业技术推广中心和浙江省农技推广基金会杭州市萧山区执行部能够继续总结经验,完善内容,加大宣传,扩面推广,以利于农作制度创新的生动实践转化为良好的经济效益,更好地推动资源节约型、环境友好型可持续发展的现代农业建设,为实现农业增效、农民增收,为社会主义新农村建设发挥积极作用。

许行贯

二〇〇八年十二月五日

注:许行贯系浙江省农技推广基金会会长,为本书题写书名并作序

前　言

萧山是杭州的南大门,位于钱塘江南岸,东接历史文化名城绍兴。区域总面积1 420.22平方公里,其中平原面积909平方公里,山地面积约259平方公里。地形类型多样,以平原为主。气候温暖,雨量充沛,四季分明,适合多种农业作物的生长。改革开放以来,勤劳智慧的萧山农民,依托自身的区位优势、资本优势和先发优势,在稳定粮食生产的同时,积极发展多种经营,探索实践循环经济和立体种养模式,取得了良好的业绩,形成了以蔬菜、花木、畜牧、水产、林特产业等五大农业特色产业。2007年,萧山区实现农业总产值59.31亿元,其中五大特色产业产值50.65亿元,占农业总产值的85.4%。萧山区的特色产业在省内外具有较高的知名度,在蔬菜产业上,2001年被农业部、外经贸部评为全国园艺产品(蔬菜)出口示范区;2004年12月通过了全国无公害农产品(蔬菜)出口示范基地县的考核验收。在花木产业上,萧山是中国花木之乡,也是华东地区乃至全国的花卉苗木繁育中心和流通集散中心,在业内具有良好的声誉。在畜牧产业上,2007年,全区有万头以上规模猪场32家,省级以上种猪场7家,是重要的供港、供沪生猪基地。在水产产业上,常规鱼和名特优养殖比例已调整到35:65,基本形成了南美白对虾、河蟹、甲鱼、珍珠蚌、黑鱼及常规鱼等六大类产品的养殖基地,其中万亩南美白对虾养殖出口基地被列入浙江省水产养殖优势产业带。在林特产业上,湘湖龙井的品牌进一步打响,杨梅、青梅、蜜梨等优势品种三足鼎立,品质不断提高。同时,萧山农业的科技含量和组织化程度也达到了一个较高的水平。2007年,萧山区被浙江省委、省政府命名为"全省农业生产综合强县(区)"。

综观萧山农作制度的演变,大体经历了三个阶段。

第一阶段,是在计划经济体制包括粮食生产在内的农产品全面短缺的背景下形成的,当时的农业生产指导方针是"以粮为纲",技术措施以追求高产尤其是粮食生产高产为目标,提倡密植,进行"吨粮田"建设。由此形成了以"麦—稻—稻"、"油—稻—稻"为主的"三熟制"生产模式,虽然加大了对土地的掠夺力度,但确实也增加了粮食产量。

第二阶段,随着改革开放的推进,农产品全面短缺的现象得到了明显的缓解,市场在满足基本需求的基础上对农产品供给的多样化提出了新的要求。

为了适应这个要求，从 20 世纪 80 年代中后期普遍进行了多种经营，90 年代开始又进入了农业产业结构调整阶段。这一调整，不仅体现在大农业内部农、林、牧、副、渔之间比例关系的调整，也涉及到产业内部结构的调整。这一变革，促进了各类农业资源的有效利用，明显提高了单位面积土地的产出率，从此，效益农业深入人心。

第三阶段始自于 20 世纪 90 年代中后期，随着我国城乡居民陆续步入小康，在多样化需求得到基本满足以后，人们对农产品的品质和安全性提出了更高的要求。市场对食用农产品质量的重视，促使农业必须走高效、生态、循环经济之路。同时，随着土地、原材料、劳动力成本的持续增加，立体经营模式不断涌现，农业增长方式逐步由粗放型向集约型转变。尤其是党中央科学发展观理念的提出，加快了萧山农民对农作制度创新的实践和探索。近年来，新的农作模式日益成熟，带动了产业发展，增加了农民收入，农民群众尝到了甜头。

为更好地总结农作制度创新模式的经验教训，广泛推广应用这些模式，萧山区农业技术推广中心和浙江省农业技术推广基金会杭州萧山区执行部联合组编了《农作制度新模式与技术》一书。本书共分六部分，主要涉及粮油、蔬菜、畜牧、水产、林特、综合等产业，具有很强的实践性。但由于作者都来自于基层一线，文章纰漏在所难免，期待读者批评指正。

最后，愿《农作制度新模式与技术》一书能够走进千村万户，成为农民朋友致富奔小康路上的良师益友。

编委会

2008 年 11 月

目　　录

第一部分　粮 油 篇

一、小麦/日本茄子栽培技术

小麦/日本茄子种植模式在党湾镇已种植多年。日本茄子是20世纪80年代末从日本引进的茄子品种,株高80~85厘米,分枝性强,开展度80厘米×90厘米。叶色淡绿,最大叶25厘米×15厘米。结果性好,单株结果约200个,果实椭圆形(似灯泡形),果长8~10厘米,横茎1.5~2.5厘米,单果均重30克,单株结果7千克左右。该品种耐旱耐肥,植株生长旺盛,抗病性强,适合萧山种植,每年种植面积300公顷(4500亩)左右,平均667平方米产量4000千克,产值4000~5000元。采用小麦/茄子种植模式可实现667平方米产值5000元,净收益2500元以上。一般在每年4月底小麦始穗期进行日本茄子套种,茄子的采收期从6月份开始一直可到11月份,收获后播种冬小麦。

(一)小麦栽培技术

1. 选用良种　选用扬麦12或扬辐麦2号。

2. 适时播种　一般在11月15~20日播种。

3. 合理畦幅　畦宽1.2米。沟宽25厘米,深20厘米。沟边隔畦播种,播前用四齿铁耙开平槽,有利于后作茄子的生长,提高小麦单产。

4. 播种量　每667平方米播种5~7千克,早播略减。

5. 施足基肥　要求总用肥量的50%~60%作基肥,一般施碳酸氢铵10千克,过磷酸钙、氯化钾各5千克,翻槽深施。

6. 病虫草害防治　每667平方米用丁草胺100克对水50升喷雾,禁止使用绿麦隆类除草剂,以免影响后作;中期做好开沟排水工作,降低地下水位,后期抓好病虫害防治,特别是赤霉病、麦蚜的防治。

7. 收获　及时收割,减少麦茄共生期。

(二)茄子栽培技术

1. 田块选择　选择地势高燥、排灌畅通、2~3年未种植过茄科作物、pH

值为 6.5 ~ 7 的中性土壤的田块种植。

2. 施足基肥 移栽前 20 天,开沟施充分腐熟的猪羊粪 2 000 千克左右,如用鸡粪、鸭粪作基肥,每 667 平方米施 800 ~ 1 500 千克,然后覆土。基肥不能施在茄子幼苗的根部正下方,以防烧苗。

3. 培育壮苗

(1)浸种催芽 播种前将种子置于 55℃ 温水中浸种 15 分钟,冷却至常温浸泡 2 小时左右,用干净湿布包好,在 25℃ ~ 30℃ 温度下催芽,当种子 50% 露白时可播种或晾干待播。

(2)精细播种 播种时间以 3 月下旬为宜,每 667 平方米用种量 3 ~ 4 克。播种前在苗床表面覆盖 5 厘米厚的营养土,整平。播时浇足底水。将种子均匀撒播或播于营养钵中,盖土,以盖没种子为度。然后盖一层遮阳网或薄麦秸,上面再盖一层地膜,搭小拱棚,并覆盖薄膜。

(3)苗床管理 出苗前苗床白天温度控制在 28℃ ~ 30℃,夜温控制在 15℃ ~ 18℃;出苗后白天温度控制在 20℃ ~ 25℃,夜温控制在 10℃ ~ 15℃,以防徒长。苗期适当控制浇水,做到不干不浇,浇则浇透,应选择在晴天上午 10 时左右浇水,并可根据实际情况结合施肥,每 50 升水可加腐熟人、畜粪 2 千克或尿素 80 克、果菜专用复合肥 80 克。移栽前 3 ~ 5 天适当通风,降温降湿,以增强秧苗的抗逆性;移栽前 1 ~ 2 天,结合浇水施 1 次大水肥,用百菌清 800 倍液喷雾防病 1 次,也可根外追肥。

4. 科学管理

(1)合理密植 当秧苗高 20 厘米左右、有 5 ~ 6 片叶时即可移栽。每畦种 1 行,株距 60 厘米,每 667 平方米种植 900 株左右。种植时秧苗不能种得太深,以营养土略高出畦面为好。

(2)整枝控苗 一般秧苗 7 ~ 9 片真叶时开始现蕾,保持植株的营养生长与生殖生长平衡是非常重要的。茄子第一朵花至顶端的距离为 5 ~ 10 厘米时,属生长正常,即生殖生长与营养生长平衡;如果短于 5 厘米,则生殖生长过旺,可摘花以利于平衡生长,如超过 10 厘米,可不采第一个茄子,以抑制营养生长过旺的势头。即生殖生长过旺时,可疏花;营养生长过旺时,可留大茄子(早期),以控制生长。整枝原则,根茄以下的嫩芽长到 5 厘米时应及时抹去(嫩芽超过 5 厘米易伤植株)。还应摘去老叶、病叶,使叶面积指数保持在 5 ~ 6 倍,以增强通风透光,预防病虫,便于田间操作,使茄着色均匀。

(3)肥水管理 肥水管理要前轻后重。定植前浇足水,前期适当少浇或不浇水,少施肥,以防徒长;根茄坐住后施第一次追肥,667 平方米施 10 ~ 15

千克复合肥;旺果期增加施肥量,667 平方米施 20 千克复合肥;以后每隔 20 天追 1 次肥,直到采收结束。

(4)病虫害防治 茄子的病害主要有猝倒病、灰霉病、褐纹病、绵疫病等;害虫主要有蚜虫、蓟马、茶黄螨、烟青虫、茄黄螟、棉铃虫、红蜘蛛、小地老虎等。要加强农业防治,减少病虫害的发生。如实行深沟高畦、水旱轮作;选择地势高燥、平整向阳的地块育苗、种植,苗期做好保温降湿工作,提高秧苗素质,及时拔除病苗、病株。幼苗期猝倒病,可用恶霉灵、普力克等交替防治;定植后发生的灰霉病,可用 40% 施佳乐悬浮剂 800 倍液或 50% 速克灵可湿性粉剂1 500 倍液喷雾,7 天防 1 次,连防 2～3 次;绵疫病、褐纹病等可用 80% 大生 600 倍液等药剂防治;蚜虫、蓟马可选用 10% 吡虫啉 3 000 倍液或好年冬 2 000 倍液或苦参碱水剂 1 000 倍液防治;茶黄螨可选用 73% 克螨特 3 000 倍液防治,克螨特还可兼治红蜘蛛等。

5. 及时采收 可按加工企业的要求采收,一般茄子长度 10 厘米左右、直径 1.5～2 厘米、表皮颜色为黑紫色时即可采收。商品性好的茄子,皮软,无病虫害,无机械损伤,无空心,无皮肉分离。

（党湾镇徐绍才、谢筱权）

二、小麦/辣椒—萝卜套作技术

一刀种萝卜是著名萧山萝卜干的原料,经传统风脱水加工的萝卜干每千克售价在 2～2.5 元,比鲜切条投售增值 1 倍以上,667 平方米可增收 1 000 元以上,大大提高了产品附加值,拉长了产业链。义蓬镇围绕种植结构调整、发展特色农业这一主题,在生产实践中逐渐形成了小麦/辣椒—一刀种萝卜三季连作套作高产高效种植模式。经 2000～2005 年 6 年示范推广,种植面积不断扩大,效益提高。据调查,667 平方米小麦产量 140～160 千克,产值 230 元左右;干辣椒产量 160～200 千克,产值 1 800 元左右;萝卜干产量 1 300 千克左右,产值 3 000 元左右,667 平方米三季年产值 5 000 元以上,净收入 3 500 元左右。

（一）品种选择

小麦选用抗性强、丰产性好的品种,如扬麦 158 等;辣椒选择水分少、肉质厚、辣度足、丰产性强、干制率高的品种,如海门种等;萝卜则选择适宜晒干加工的品种,如一刀种。

(二)茬口安排

实行油菜或鲜食大豆—直播晚稻栽培方式与小麦/辣椒——刀种萝卜种植模式轮作，可减轻土传病害的发生，提高土壤肥力，消除连作带来的病虫草的危害，明显改善农产品品质，提高产量。小麦与茄果蔬菜套作，能挡风雨、御寒潮、避虫害，有效减轻田间杂草的发生。

(三)栽培技术

1. 小麦 前作晚稻收获后秸秆还田，及时深翻，667 平方米施碳酸氢铵 20 千克、过磷酸钙 15 千克或三元复合肥 20 千克作基肥；整地做畦，畦幅连沟宽 1.3 米左右；隔畦沟边种植，用种量每 667 平方米 3 千克左右，11 月中旬前播种。播后 15～20 天，在土壤湿润并无霜冻的前提下用 50% 高渗异丙隆 125 克溶液喷雾除草。施好腊肥，培土保暖。翌年 3 月初追施拔节孕穗肥尿素 4～6 千克，适时防治小麦白粉病、赤霉病和蚜虫，清沟排水防早衰，根外追肥增粒重。

2. 辣椒 苗床地提前 20 天翻耕，基肥用腐熟有机肥或三元复合肥。1 月底至 2 月初播种为宜，过早播种既增加管理成本，又不利于培育壮苗。出苗后及时疏苗，并施好壮苗肥，当秧苗长到 3 叶期后及时揭膜通风炼苗，4 月 20 日左右移栽大田，选择晴天下午 3 时后移栽，雨天湿地不移栽；每畦种 2 行，株距 22～24 厘米，每 667 平方米种植 4 200 株左右。一般辣椒每 667 平方米总施肥量为碳酸氢铵 80 千克左右、过磷酸钙 40 千克左右、复合肥 35 千克左右、尿素 10 千克左右。施肥应掌握施足基肥、早施苗肥、适施追肥、重施花果肥的原则。基肥在移栽前 15 天施下，以有机肥或碳酸氢铵、过磷酸钙为主；移栽后 3 天施 750 千克左右稀人粪尿作缓苗肥，麦收前施尿素或复合肥 3～4 千克；在 5 月底至 6 月中下旬结合培土分 3 次重施花果肥；适时根外追肥，选择微量元素肥料或氨基酸叶面肥。早防病虫害，辣椒苗期害虫主要是蜗牛、地老虎和蚜虫，中后期以棉铃虫为主；病害以炭疽病、疫病、病毒病等为主。应在做好农业防治的基础上，视病虫害发生情况选择 10% 吡虫啉 1 500 倍液、6% 密达颗粒剂 400 克、53.8% 可杀得干悬浮剂 1 500 倍液、25% 甲霜灵可湿性粉剂 1 000 倍液、50% 百菌清可湿性粉剂 1 000 倍液、25% 快杀灵 2 号 1 500 倍液等对口药剂及时防治，严格执行农药使用安全间隔期。

3. 萝卜 一刀种萝卜在 9 月上中旬播种为好。过早播种易遭虫害而影响萝卜质量；过迟播种对产量影响较大。用种量每 667 平方米 1～1.25 千克，

每畦播4行,行距25厘米,定苗密度为每667平方米2.5万株左右。总施肥量每667平方米复合肥50千克、尿素15千克左右。基肥施果蔬型复合肥30千克加硼砂1~2千克,黄芽肥施稀人粪肥750~1000千克,在露白和膨大期分2~3次追肥,分别用复合肥或尿素15千克左右撒施,用150倍硼砂液喷施。萝卜病害以病毒病为主,被蚜虫为害诱发,应及时防治蚜虫,同时喷施病毒A或病毒K预防;害虫有菜青虫、小菜蛾、斜纹夜蛾等,可选用5%抑太保乳油1500倍液、24%米满悬浮剂3000倍液、10%除尽悬浮剂2000倍液等对口药剂喷雾防治。

(义蓬镇徐友成、施伯祥、方剑飞)

三、小麦/鲜食大豆—鲜食玉米种植模式

　　沟边小麦/鲜食大豆—鲜食玉米是萧山围垦沙地区近年来推广的一种高产高效种植模式。一般667平方米小麦产量150~200千克,鲜食大豆产量500~600千克,鲜食玉米产量650~750千克,三季作物产值3500~4000元,纯利润1500元左右。

(一)品种选择

　　小麦选择矮秆、抗病、丰产性好的扬辐麦2号、扬麦12等品种;鲜食大豆选择早熟、抗寒力强、市场畅销的优质高产品种95-1、青酥2号等;鲜食玉米选择生长势强、适应性广、耐肥耐湿、果穗外形美观的香糯品种苏玉糯1号、浙凤糯2号等。

(二)主要栽培技术

　　1. 隔年打好基础　冬季要求高标准深耕做畦,小麦畦宽要根据下茬鲜食大豆和鲜食玉米的要求准备,畦宽为130~140厘米,隔畦播种沟边小麦,既能获得小麦高产,早春又能为鲜食大豆挡风御寒。

　　2. 适时播种　小麦于11月上中旬在沟边开沟条播,667平方米播种量1.5~2千克;鲜食大豆在翌年2月下旬育苗移栽,也可在3月上中旬地膜直播或在3月下旬至4月初露地直播,667平方米用种量7~8千克,每667平方米6000~7000穴,每穴3~4粒,每667平方米2万株左右,6月中下旬至7月上旬采收。采收后667平方米用10%草甘膦1000毫升喷杀老草,于7月中下旬播种鲜食玉米,每畦播种2行,667平方米播4500~5000穴,每穴播种

1～2粒,秧苗长到3～4叶期时,每穴留壮苗1株。

3. 科学施肥　小麦要根据前作地力施足基肥,一般667平方米施碳酸氢铵30千克加过磷酸钙15千克;早施苗肥,在麦苗2叶1心期施高浓度复合肥10千克;适时施好拔节孕穗肥,施尿素5～6千克;追施穗粒肥,视苗情施好叶面肥。

大豆一般采用施足基肥、适施追肥的施肥方法,以总肥量的70%作基肥,10%作提苗肥,20%作花荚肥和鼓粒肥。因基肥用量较大,应采用有机肥和化肥配合施用。另外,还要根据土壤肥力及前作情况而酌情施用。在播种前7～10天每667平方米用生物有机肥150千克或饼肥40～50千克、高浓度复合肥20千克、硼砂0.5～0.75千克作基肥。追肥3次,在第一复叶期施高浓度复合肥5千克作促苗肥,开花结荚初期用高浓度复合肥5～7.5千克作花荚肥,结荚中期施高浓度复合肥5千克、尿素5千克作鼓粒肥。

鲜食玉米首先要施足基肥,每667平方米施高浓度复合肥20千克;早施提苗肥和壮秆肥,施尿素5～6千克;重施1次穗肥,在玉米抽雄蕊前7～10天,施高浓度复合肥10千克;按照优质高产的栽培要求施穗肥,在玉米授粉后追施1次长穗肥。

4. 病虫草害防治　小麦病虫害主要有锈病、白粉病、赤霉病和麦蚜、灰飞虱、黏虫等。小麦播后667平方米用60%丁草胺100毫升对水40升喷雾除草;根据小麦田杂草生长情况,在杂草2叶期前用50%高渗异丙隆可湿性粉剂125克对水50升喷雾,在使用时要根据天气状况,在冷尾暖头时施药。小麦锈病、白粉病667平方米用20%三唑酮50毫升对水40升喷雾;赤霉病用50%多菌灵75克对水40升喷雾;麦蚜、灰飞虱可用10%吡虫啉可湿性粉剂30克或25%吡蚜酮30克对水喷雾;黏虫可用90%晶体敌百虫1 000倍液喷雾防治。

鲜食大豆病虫害主要有霜霉病、锈病和蜗牛、地老虎、斜纹夜蛾等。霜霉病可用60%氟吗锰锌600倍液或72%克露600倍液喷雾防治;锈病可用70%甲基托布津可湿性粉剂1 000倍液或15%禾枯灵600倍液喷雾防治;蜗牛、地老虎可用6%密达颗粒剂400克撒施诱杀,也可用48%毒死蜱乳油800倍液或菊酯类农药2 000倍液喷雾防治。

鲜食玉米苗期重点防治斜纹夜蛾、甜菜夜蛾,中期注意玉米螟为害,同时注意防治纹枯病、锈病等。斜纹夜蛾、甜菜夜蛾可用24%美满悬浮剂2 500倍液,或3.2%银农一号1 000倍液,或1%甲基阿维菌素2 500倍液等农药防治;玉米螟可用5%锐劲特30毫升对水喷雾防治;纹枯病、锈病等可用5%井冈霉

素或 20％ 三唑酮等农药防治。

（新湾镇孙关兴、童文君）

四、设施西瓜—大麦苗—鲜食大豆—直播晚稻
二年四熟水旱轮作栽培技术

杭州丁一农业开发有限公司坐落在萧山东北片围垦地区的萧山农垦一场内,总经营面积 92 公顷(1 380 亩),其中种植面积 77.2 公顷(1 158 亩),从 2004 年开始开展"设施西瓜长季栽培—大麦苗—鲜食大豆—直播晚稻"二年四熟水旱轮作栽培示范,经过 4 年的摸索、改进和提高,取得了较好的经济、社会和生态效益,并形成了一套比较成熟的技术体系。

（一）效益分析

据 11.7 公顷(175 亩)实施区典型调查,每 667 平方米西瓜平均产量 4 500 千克,平均价格每千克 2 元,产值 9 500 元,利润 3 750 元;大麦苗平均产量 1 375 千克,平均价格每千克 0.8 元,产值 1 100 元,利润 650 元;鲜食大豆平均产量 600 千克,平均价格每千克 2 元,产值 1 200 元,利润 650 元;晚稻平均产量 525 千克,平均价格每千克 2.3 元,产值 1 200 元,利润 500 元。二年四季合计 667 平方米产值 13 000 元,利润 5 550 元,扣除 2 年土地承包费 760 元,2 年 667 平方米纯利润 4 790 元,年平均为 2 395 元,实施区年获纯利润 41.91 万元。在取得较好经济效益的同时,向社会提供了大量农副产品,丰富了城乡"菜篮子";由于实行水旱轮作,秸秆还田,对改良土壤、改善和保护生态环境起到很好的作用。

（二）主要栽培技术

1. 西 瓜

（1）品种 选用优质、高产、抗性强、易坐果、商品性好的品种早春红玉、拿比特、84-24 等。

（2）育 苗

①苗床选择 选择排水性好、背风向阳的田块做苗床,在大棚内做好宽 1 米的苗床,配好电热线等增温设施。

②准备营养土 采用穴盘或营养钵育苗。穴盘育苗要用专用营养土;营养钵育苗的营养土,每 2 000 千克田土加腐熟有机肥 200 千克加高浓度复合肥

2 千克拌匀,堆制 2 个月以上。

③种子处理 晒种 1~2 天后先用 50% 多菌灵溶液浸种 3~4 小时,捞出洗净后在 50℃~55℃温水中搅拌至常温,再浸 2~3 小时,擦洗净种子表面黏液后捞出沥干,用干净湿布包好置于 28℃~30℃恒温下催芽,待胚根长 0.2~0.3 厘米时,分批拣出,分批播种。

④播种方法 在 11 月底至 12 月底播种。每只营养钵播 1 粒,种子平放,667 平方米用种 20 克左右。播种后加盖细土,要求每 50 千克细土拌 50% 多菌灵 40 克,厚 1 厘米,均匀浇水。

⑤苗床管理 播后搭好大棚与小棚,盖好膜,出苗前棚内温度保持在 25℃~30℃;出苗后逐步降低,白天保持在 25℃,夜间保持在 18℃左右;幼苗第一真叶展开后适当升温,白天 28℃,夜间 20℃左右;一般播后 4~5 天齐苗,育苗期一般不施肥,移栽前 5~7 天降温炼苗,并喷 1 次防病药(用 70% 甲基托布津可湿性粉剂 1 000 倍液)和叶面肥,做到带肥带药出圃。

(3)移 栽

①整地施肥 选择地势高燥、土壤肥沃、排灌方便、3 年内未种过瓜类作物的田块。前作收获后机械翻耕 1 次,定植前施肥,667 平方米施腐熟有机肥 1 500 千克加高浓度复合肥 25 千克、过磷酸钙 30 千克、碳酸氢铵 10 千克,深翻入土,耙平做畦,每畦宽 2.5~2.8 米,每一大棚宽 6 米,做 2 畦,中间起沟。

②搭棚盖膜 定植前 10~15 天搭好大棚,大棚高 2 米,盖天膜;定植前 7 天铺滴管,再盖地膜;定植后搭小拱棚,盖薄膜,实行三膜覆盖。

③移栽方法 定植前,营养钵浇足水,掌握秧龄 35~40 天,有 4 片绿色健壮叶时定植;看苗移栽,时间一般在 1 月初至 2 月初,最迟可到 3 月初,10 厘米地温 15℃以上。移栽时应做到营养钵与土地紧密结合,钵面与畦面齐平,植后浇定根水。6 米大棚种 2 行,每畦种 1 行,栽在离中间沟边 30 厘米。定植密度,84-24 品种株距 80 厘米,667 平方米栽 280~300 株;早春红玉品种株距 40 厘米,667 平方米栽 550~600 株。

(4)田间管理

①调节温度 定植后缓苗期大棚内温度白天掌握在 28℃~32℃,最高不能超过 38℃,夜间 15℃,一般不通风;缓苗后通常 2~3 天通风 1 次;盛花期白天 28℃~32℃,夜间 20℃;坐果后中午延长通风时间,白天 30℃,夜间 15℃~20℃;晴热高温天气注意及时揭膜通风。

②巧施追肥 在施用基肥的基础上,看苗巧施追肥。第一批瓜采前不施肥,一般采取产 1 批瓜、施 1 次肥、灌 1 次水的方法,一般上午采瓜,下午或翌

日滴管冲施,每次 667 平方米施高浓度复合肥 10 千克。

③整枝留瓜　每株留 3 蔓(1 个主蔓 2 个侧蔓)整枝,坐果节前的孙蔓及时打掉,坐果节后的孙蔓适当选留;主蔓 50 厘米左右开始整枝,去弱留强,当主蔓长到 13~14 个节时留第一朵健壮雌花坐果;每株留瓜 1~3 个,坐瓜 15~20 天,翻瓜垫瓜;坐果后 38~40 天采收第一个瓜,采后 3~4 天第二朵花坐果,32~35 天采收。

④人工授粉　一般第一朵雌花开放后,每天上午 9 时前采摘刚开放的雄花,将花粉涂抹在雌花的柱头上进行人工授粉,每朵雄花可以授 4~5 朵雌花,授粉后做好日期标记。

⑤病虫害防治　按照预防为主、综合防治的植保方针,以"农业、生物、物理防治为主,化学防治为辅"的防治原则,严格执行国家农药安全使用标准的有关规定。苗期以防治猝倒病、白粉病、炭疽病为主。猝倒病用 64% 杀毒矾可湿性粉剂 600 倍液、20% 好靓可湿性粉剂 3 000 倍液喷雾防治;白粉病用 10% 世高 1 500 倍液或 30% 特富灵可湿性粉剂 2 500 倍液喷雾防治;炭疽病用 75% 百菌清可湿性粉剂 800 倍液或 25% 咪鲜胺乳油 1 000 倍液喷雾防治。

大田主要病害有枯萎病、炭疽病、疫病、蔓枯病、白粉病,害虫为蓟马、蚜虫、美洲斑潜蝇。枯萎病用 70% 敌克松可湿性粉剂 600~800 倍液灌根,每穴不少于 500 毫升;炭疽病、白粉病参照苗期防治;疫病用 64% 杀毒矾可湿性粉剂 600 倍液或 80% 大生可湿性粉剂 600~800 倍液喷雾防治;蔓枯病用 43% 好力克悬浮剂 5 000 倍液喷雾防治;蓟马、蚜虫用 10% 吡虫啉可湿性粉剂 2 000 倍液或 10% 金世纪可湿性粉剂 2 000 倍液喷雾防治;美洲斑潜蝇用 75% 灭蝇胺可湿性粉剂 5 000~7 500 倍液或 1.8% 阿维菌素乳油 2 500~3 000 倍液喷雾防治。

(5)采收　按标记分批采摘。当结果部位前后节卷须枯萎,瓜柄上的茸毛稀疏脱落,瓜脐凹陷,瓜蒂处略有收缩,瓜皮光亮,花纹清晰为成熟西瓜。当地销售的成熟度九成以上,远销的八成以上,保留瓜柄。一般授粉后 35 天左右采收,若气候适宜可以收到 10 月上旬,产 5~6 批。

2. 大 麦 苗

(1)品种　一般选用浙皮 4 号、秀 96-22 等品种,必须是收购厂家要求的品种。

(2)整地、播种　西瓜收后整地做畦,畦宽 90~100 厘米,耙地前每 667 平方米施高浓度复合肥 15~20 千克作基肥,也可不施基肥。10 月中旬播种,667 平方米播种量 18~20 千克,撒播。

（3）施肥　出苗后 10～15 天 667 平方米施尿素 10 千克；不施基肥的在出苗后 1 周内补施高浓度复合肥 15～20 千克，播后 20 天左右，667 平方米施尿素 7.5～10 千克。在第一批收割后 7～10 天施尿素 7.5 千克。

（4）收割　在播后 50 天左右，当麦苗长到 25～30 厘米时收割，割平不带泥，晴天割。一般割 1 批，也可割 2 批。

3. 鲜食大豆

（1）品种　选用中熟偏迟品种台湾 75；也可选择早熟的 95-1。采用大棚或小拱棚栽培。

（2）除草　年内大麦苗割后喷 1 次 10% 草甘膦，每 667 平方米 500 毫升；播种当日或翌日每 667 平方米喷 10% 草甘膦 500 毫升加 33% 施田补 100 毫升。做好清沟整理工作。

（3）播种　一般露地栽培于 3 月 15～20 日免耕播种，每穴播 2～3 粒，每畦播 2 行，穴距 22～25 厘米，667 平方米播种量 6～6.5 千克。如采用地膜栽培，可提早 7 天播种。

（4）田间管理　出苗后 7 天左右，667 平方米施高浓度复合肥 10 千克；鼓荚期施高浓度复合肥 15 千克；在采摘前 10 天施尿素 5 千克。出苗后 15～20 天，667 平方米用 8% 菌克毒克 100 毫升加 3% 啶虫脒乳油 10 克防病毒病。

（5）采收　露地栽培的于 6 月 25 日开始采收；地膜栽培的可提早 5 天采收。

4. 晚　稻

（1）品种　可选用太湖糯品种，但太湖糯抗倒伏性不强，生产上要注意；也可用高产优质粳稻秀水 110、秀水 09 等品种。

（2）播种　用 1.5% 的确灵可湿粉剂溶液浸种 48 小时，捞出后催芽至露白。每 667 平方米种子用 10% 吡虫啉可湿性粉剂 30 克拌种，拌后催芽至播种。于 6 月底至 7 月初直播，667 平方米播种量 4～5 千克；前作鲜食大豆是地膜栽培的，可提早至 6 月 25 日左右播种，667 平方米播种量 3～4 千克。

（3）管　理

①整地　用大豆秸秆作有机肥，旋耕耙平后播种，不施基肥。也可免耕，畦面略做平整后直播。

②除草　播后 2～3 天用 40% 直播净 60 克对水 40 升喷雾除草；播后 18～20 天用神锄 2 号 60 克加杀草丹 225 毫升对水 40 升喷雾除草。

③施肥　播后 7 天，667 平方米施水稻专用肥 15 千克；播后 20～25 天，施尿素 10～15 千克，氯化钾 5～7 千克；8 月 15 日左右，施水稻专用肥 10 千克或

高浓度复合肥 10 千克;8 月 30 日左右,施尿素 10 千克;后期看苗补施尿素 5 千克加氯化钾 3 千克。

④浇水　整个生育期干湿交替,基本不搁田。

⑤病虫害防治　根据病虫情报防治好"三虫二病",即稻纵卷叶螟、稻飞虱、二化螟和纹枯病、稻瘟病。一般 667 平方米可用 5% 井冈霉素 200 克对水 40 升喷雾防治纹枯病;用 75% 丰登 25 克对水 50 升喷雾预防稻瘟病;用 5% 锐劲特悬浮剂 40 毫升或 31% 三拂乳油 70 毫升等喷雾防治稻纵卷叶螟;用 25% 吡蚜酮 30 克或 25% 扑虱灵 50 克等对水喷雾防治稻飞虱。

(三)注意事项

第一,西瓜长季栽培注意夏季高温的抗旱浇水,后期的防早衰。授粉后一定要做好标记,以利于分批采收。

第二,大麦苗一定要有厂家收购才可种。大麦苗一般割 1 次。割 2 次时,要注意:雨天割不容易出苗、易烂苗;割后立即施肥易烧苗、死苗,一定要过几天再施肥。

第三,鲜食大豆年度间效益差异明显,同时品种的选择对效益的提高有明显相关性,要注意市场信息和风险。

(杭州丁一农业开发有限公司丁建明,萧山区农业局程湘虹,第一农垦场陈百如)

五、小麦/鲜食大豆—晚稻种植模式及主要技术

萧山围垦区土壤为沙土,土层深厚,通透性好,pH 值为 7.5～8.5,含盐量高,过去多采用小麦/棉花或小麦/络麻—萝卜的种植模式,形成了萧山棉花、络麻及萝卜干生产基地。1992 年后,大力调整种植结构,积极发展鲜食大豆,在省内率先引进推广了专用品种,形成了小麦/鲜食大豆—晚稻的种植模式,取得了较好的经济效益和社会效益。鲜食大豆已成为该区的一大优势作物,年种植面积在 1 万公顷(15 万亩)左右,年产鲜荚 8 万多吨,产值近 2 亿元,无论种植面积、技术水平还是生产效益,均居全省领先水平,其中出口鲜食大豆的种植面积有 0.2 万公顷(3 万余亩),每年为 10 多家速冻加工企业提供原料 1.4 万多吨,是全国最大的速冻鲜食大豆原料基地。

（一）种植效益分析

小麦/鲜食大豆—晚稻与原来的小麦/棉花或小麦/络麻—萝卜的种植模式相比,有三方面的优点。

1. 经济效益好 据典型调查:小麦/鲜食大豆—晚稻种植模式一般 667 平方米产小麦 180～250 千克、鲜食大豆 450～550 千克、晚粳稻 550～600 千克,产值 2 700～3 000 元,扣除直接生产成本(肥料、农药、种子、土地、机械等)1 500 元左右,净收益在 1 200～1 500 元,比小麦/棉花或小麦/络麻—萝卜的种植模式增加收益 300～500 元。

2. 生态效益优 小麦/鲜食大豆—晚稻种植模式通过间作套种、水旱轮作,有利于控制病虫草害的发生,减少了农药的施用。鲜食大豆、晚稻有大量秸秆还田,同时大豆有固氮作用,有利于提高土壤肥力,减少了化肥的施用量。通过种植晚稻,对盐碱土起到了良好的洗盐作用,控制了障碍因素,改良了土壤。

3. 劳动强度低 小麦/鲜食大豆—晚稻种植模式机械化程度高,可采用免耕直播等轻型栽培方式,与小麦/棉花或小麦/络麻—萝卜的种植模式相比,劳动力投入少,劳动强度低,一般每 667 平方米可节省用工 3～5 个,有利于降低生产成本。

（二）主要种植技术

1. 小 麦

（1）品种选用 要选择中熟优质、矮秆抗倒伏、大穗高产的小麦品种,宁麦 8 号比较适合间作套种。

（2）力争早播 垦区晚稻一般在 11 月上中旬收获,这时小麦播种已偏迟。因此,要抓紧农事季节,抢收晚稻,力争小麦早播,发足年内苗,打好高产基础。

（3）适宜畦宽 要兼顾一年三熟的优质高产和有利于农事操作,依据小麦的种植方式,一般分 2 种畦宽。一是沟边小麦的种植方式。畦面宽 120 厘米、畦沟宽 30 厘米,沟两边各播种 1 行小麦,播幅 10～15 厘米,667 平方米播种量 5～6 千克。二是单边小麦的种植方式。畦面宽 60 厘米、畦沟宽 30 厘米,隔沟两边各播种 1 行小麦,播幅 15～20 厘米,667 平方米播种量 3～4 千克。

（4）科学施肥 每 667 平方米施碳酸氢铵和过磷酸钙各 25～30 千克作基

肥;出苗后10天内施尿素7.5~10千克作麦枪肥;在小麦3~4叶期再施尿素7.5~10千克作促蘖肥;拔节孕穗肥结合鲜食大豆的基肥施用。

(5)病虫草害防治　小麦播后芽前667平方米用95%丁草胺150毫升对水40升细喷雾除草,忌用甲磺隆等对双子叶作物有影响的除草剂。后期重点做好赤霉病和白粉病的预防与蚜虫的防治工作。

2. 鲜食大豆

(1)选好品种　小拱棚促早栽培选用优质、耐寒、特早熟的鲜食大豆品种,如95-1、引豆9701;地膜直播栽培选用优质、高产、商品性好的青酥2号等品种。

(2)适时播栽　小拱棚促早栽培多采用育苗移栽,一般在2月底至3月初播种育苗,3月中下旬移栽,苗龄20~25天。畦面宽120厘米的沟边麦田,每畦移栽鲜食大豆3行,穴距18~20厘米,每穴栽种3苗;畦面宽60厘米的单边麦田,每畦移栽鲜食大豆2行,穴距20~22厘米,每穴栽种3苗,两畦合并成1个小拱棚。地膜直播栽培在3月中下旬播种,畦面宽120厘米的沟边麦田,每畦播种鲜食大豆4行,穴距20~25厘米,每穴播种3粒;畦面宽60厘米的单边麦田,每畦播种鲜食大豆2行,穴距22~25厘米,每穴播种3粒。667平方米用种量6~8千克,成苗2万株左右。

(3)足肥早施　播栽前10~15天,每667平方米用高浓度复合肥20~25千克、碳酸氢铵20~30千克深翻耕入土作基肥。移栽后或直播齐苗时用碳酸氢铵和过磷酸钙各5~7千克对水500~750升浇施提苗肥。小拱棚去膜后施尿素5~6千克促苗。结荚初期施高浓度复合肥15千克、硼砂1千克促进结荚鼓粒。

(4)病虫草害防治　地膜直播栽培可在播后芽前用禾耐斯45毫升对水细喷雾,小拱棚栽培应选用敌草胺干悬浮剂100~120克对水细喷雾,防止产生药害。幼苗期注意防治地下害虫,分枝期注意防治蚜虫,鼓粒期注意防治豆荚螟。要选用高效低毒对口农药,掌握防治适期和防治方法,努力提高防效。禁止施用高毒高残留农药。

3. 晚　稻

(1)品种选择　鲜食大豆一般在6月中下旬采收,晚稻多采用免耕直播栽培,因此晚稻品种要选择中熟、抗倒伏、穗粒兼顾、丰产优质的品种,如秀水09、嘉991等。

(2)免耕直播　在鲜食大豆采收后清除地膜,拔除老草,畦面削高填低,将豆秸秆移到畦沟内,灌水泡田2~3天。晚稻667平方米用种量4~5千克,

做好浸种、催芽及吡虫啉、好年冬拌种等种子处理。采用宽幅条直播,畦面宽120厘米时每畦播4行,畦面宽60厘米时每畦播2行,播幅10～12厘米,667平方米基本苗8万～10万株。播种后2～3天667平方米用直播净60克对水40升均匀细喷雾除草。

(3)平促施肥 出苗后2～3天667平方米施水稻专用肥10～15千克,3叶1心期施尿素7.5～10千克,5叶1心时施碳酸氢铵12.5～15千克或尿素5～7.5千克加氯化钾5千克撒施,作分蘖肥;8月初圆秆拔节时施尿素5～7.5千克、硼砂0.5～1千克作壮秆促花肥;主茎剑叶露尖时再施水稻专用肥5～7.5千克作保花肥。

(4)浅湿灌溉 播种至出苗时灌半沟水,保持畦面湿润;分蘖期灌浅水上畦,自然落干后灌水,反复进行;孕穗期和扬花期要间歇灌满,促进幼穗分化和抽穗扬花;灌浆结实期灌薄水上畦,自然落干后灌水,干湿交替,直到收割前5～7天断水。期间遇寒露风要灌满水护稻,防止失水青枯。

(5)病虫害防治 在实行强化栽培、增强稻株抗性的基础上,加强田间调查,根据病虫害发生情况,选用对口农药,以稻纵卷叶螟、稻飞虱、纹枯病、稻瘟病为重点,及时正确地防治病虫害。每667平方米可用5%井冈霉素200克对水40升喷雾防治纹枯病;用75%丰登25克对水50升喷雾预防穗瘟;用5%锐劲特悬浮剂40毫升或31%三拂70毫升等喷雾防治稻纵卷叶螟;用25%吡蚜酮30克或25%扑虱灵50克等对水喷雾防治稻飞虱。

(萧山区农业局朱彩娥,河庄镇周国云,萧山区农技推广中心夏国绵、李产祥)

六、鲜食大豆—鲜食大豆—大麦苗种植模式

萧山区第一农垦场位于杭州湾与钱塘江的交汇处,现有耕地500余公顷(7 500余亩)。耕地集中连片,路沟渠电基础设施配套,围垦砂壤土十分适合种植鲜食大豆。农民有春、秋种植鲜食大豆的习惯,种植水平也较高,一般667平方米产量都在550千克以上,已形成年种植333.33余公顷(5 000余亩)的水平,成为浙江省知名的鲜食大豆出口生产基地。鲜食大豆—鲜食大豆—大麦苗种植模式是在鲜食大豆—水稻、蔬菜—鲜食大豆种植模式基础上,利用冬季增加1季大麦苗发展起来的。1997年,杭州博科生物科技有限公司生产车间落户该场,在该场建立了大麦苗种植基地,当年实施该模式,农民就获得了每667平方米1 500元以上的净收益,从翌年起,种植面积不断增加,效

益较好。

（一）效益分析

据 2006 年农场种植农户典型调查,种植面积 6.33 公顷(95 亩),每 667 平方米春季鲜食大豆产量 576 千克,均价每千克 2.5 元,产值 1 440 元;秋季鲜食大豆产量 554 千克,均价每千克 2.24 元,产值 1 241 元;麦苗产量 1 120 千克,均价每千克 0.74 元,产值 828.8 元。3 季作物合计产值 3 509.8 元,获利 1 452 元。该种植模式一年有 2 季大豆,最大的特点是用地与养地相结合,在充分用地的同时,又积极培肥了地力,提高了土壤肥力;同时,种植管理简便,秋大豆种植时,采用免耕栽培技术,大麦苗收获后,后季也可采用免耕栽培技术,且大麦的种植对控制草害十分有利。

（二）主要栽培技术

1. 品种选择 春大豆可选择台湾 75、95-1、春绿;秋大豆可选择六月半;大麦品种可选择浙皮 4 号。台湾 75 属中熟偏迟品种,生长势旺,分枝多,株型松散,荚色翠绿,内在品质好,是主要的出口品种,但该品种抗病毒病性差,在高温高湿条件下豆荚炭疽病较严重,收获季节一般控制在 6 月 15～30 日。95-1、春绿属早熟品种,生育期较短,株型较小,抗病毒病、耐寒性比台湾 75 强,外观不如台湾 75,内在品质较好,主要为促早栽培,鲜销市场。六月半属夏季中熟品种,株型高大,外观漂亮,较耐高温,产量较高。大麦浙皮 4 号,叶宽、汁多,有效分蘖多,主要用于生产麦绿素。

2. 土壤选择 该种植模式适宜东片地区排灌方便、非低洼盐碱地的土壤,但不适宜于连续种植豆科作物 3 年以上的土壤。

3. 种植方式 春大豆可采用小拱棚、地膜等设施栽培,也可露地栽培;秋大豆一般采用免耕栽培;大麦采用直播栽培。

春大豆采用小拱棚栽培,播种时间在 1 月上旬至 3 月初;采用地膜栽培,播种时间在 3 月上中旬,品种为 95-1、春绿等;采用露地栽培,播种时间控制在 3 月下旬至 4 月中旬,品种为台湾 75 等;如与前作有冲突,也可育苗移栽,播种时间同上。秋大豆播种时间在 7 月下旬至 8 月底,采用免耕栽培。大麦在秋大豆收获后露地直播。

采用小拱棚栽培,主要供应市场,适于家庭小规模种植;采用地膜栽培,产品供应市场,一般 3 月初播种、6 月初采收的鲜大豆价格较高,3 月上中旬播种、6 月上中旬收获的鲜大豆价格较低;台湾 75 品种主要速冻出口,3 月上中

旬播种,6月中下旬收获,一般能正常销售,价格适中;如播种时间在3月25日后,收获在7月份的鲜食大豆,一般以供应市场为主,7月初上市的价格较低。因此,要尽可能避开3月底至4月上旬播种,错开鲜食大豆集中上市时间。

4. 大田管理

(1)鲜食大豆

①整地 于播前15天翻耕做畦,畦宽1.2米(连沟),沟宽0.2米。平整好土地,结合土壤翻耕667平方米施高浓度复合肥25千克。

②播种 95-1、春绿每畦种3行,穴距25厘米,每穴3粒,抢晴播种,播后667平方米用施田补除草剂150毫升封闭除草,盖上地膜;在3月前播种的,要搭好小拱棚,做好保温工作。台湾75每畦2行,株距20～25厘米,3月25日前播种的盖地膜,3月25日后播种的可不盖地膜,封闭除草同上。春大豆在播种时要预留5%左右的苗,以备缺株补苗之用。春大豆收获后,暴晒土壤,在播前7～10天,每667平方米用草甘膦1000毫升杀灭老草,清沟1次,选择雨后1～2天,适时播种。秋大豆在7月底至8月上旬播种,每畦2行,株距20厘米,每穴3粒;在8月中下旬播种的,每畦3行,株距25厘米,每穴3粒。秋大豆要抓好一播全苗关。

③破膜补苗 采用地膜栽培的,在播后7～10天,选择晴好天气及时破膜放苗;出苗后10～15天,检查出苗情况,对缺株严重的地方,及时进行补苗。

④施肥 每667平方米春大豆播后施高浓度复合肥10千克作面肥,播后20～25天施尿素7.5千克,开花结荚期前施复合肥7.5千克、尿素5千克。后期如长势过旺,可喷大豆矮丰10克,调节长势或用人工摘除大豆顶心控制长势。秋大豆齐苗时,每667平方米施高浓度复合肥5～7.5千克,无基肥田块在7～10天后施尿素5～7.5千克,缺硼田块配施硼砂0.75千克;第三复叶全展时,施高浓度复合肥7.5～10千克;鼓粒初期,施高浓度复合肥5～7.5千克。

⑤田间管理 大豆播后1个月内,要及时人工拔除杂草或采用化学除草;下雨后,及时清沟排水。

⑥病虫害防治 大豆病害主要是炭疽病,害虫主要是小地老虎、蝼蛄、豆荚螟、夜蛾等。春季大豆豆荚炭疽病主要采用预防为主,在培育壮株的前提下,在始花至盛花期用20%保鲜克乳油1000倍液或70%甲基托布津可湿性粉剂1000倍液防治1～2次;秋大豆发病较少,一般不防治,如遇连续阴雨天气,可用20%保鲜克乳油1000倍液或70%甲基托布津可湿性粉剂1000倍液

防治。小地老虎、蝼蛄可在播种时 667 平方米用 3% 护地净颗粒剂 2 千克防治;夜蛾等害虫可用 24% 美满悬浮剂 2 500 倍液或 3.2% 银农一号 1 000 倍液或 40% 毒死蜱乳油 800 倍液防治;豆荚螟可用 5% 抑太保乳油 2 000 倍液或 2.5% 菜喜悬浮剂 1 000 倍液防治。

供出口的产品在用药时要严格控制农药使用及安全间隔期,一般在开花结荚后用代森锰锌类农药防治大豆豆荚炭疽病,用抑太保或菜喜防治豆荚螟,大豆徒长时不能用激素类药剂来调控长势,只能采用人工摘心,具体可按速冻厂提供药剂使用。

⑦采收 供出口的鲜食大豆,控制在豆荚 80% ~ 90% 成熟时采收,最好在凌晨 3 时至上午 9 时进行,用塑料网丝袋盛装运抵冷冻厂加工。供市场的鲜食大豆可在完全鼓粒时采收,白天采收,夜间装运,及时销售。

(2)大麦苗

①整地播种 采用机械深耕,深度 20 ~ 25 厘米,平整做畦,畦宽 1.2 米,沟宽 25 厘米。11 月中旬播种,散直播,667 平方米播种量 18 千克左右,为有利于收割加工,可分时段播种。在播后 1 ~ 2 天内,667 平方米用 60% 丁草胺乳剂 125 克对水 40 升喷雾作土壤封闭。

②施肥 结合整地,667 平方米施高浓度复合肥 20 千克作基肥,也可施土杂肥或腐熟猪粪 1 500 ~ 2 000 千克作基肥。出苗后,施高浓度复合肥 10 千克,麦苗收割后,施高浓度复合肥 15 千克。

③田间管理 大麦苗种植时不得使用任何农药,于孕穗前收割。另外,要做好清沟排涝工作,以免影响麦苗产量和质量。

④采收 当麦苗长到 20 厘米左右开始收割,一般可以收割 2 次,收割后当天销售。

(第一农垦场陈百如)

七、早稻—花菜—花菜生态高效种植模式

早稻—花菜—花菜是萧山东部围垦地区农民创新的一种生态高效种植模式。该地区原为海涂,后经围垦而成,土壤为沙性土,呈碱性,pH 值在 8 左右。早稻—花菜—花菜水旱轮作种植,能改良土壤团粒结构,降低土壤盐分,进而促进作物生长;通过水旱轮作还可以改变病虫害赖以生存的环境条件,减少病虫害的发生。该种植模式具有良好的经济效益,以 667 平方米早稻产量 450 千克,2 季花菜产量 4 500 千克计算,产值可达 6 500 余元,扣除成本,纯利润

2 500 元以上。与传统种植模式相比有明显优势,具有一定的推广潜力。

(一)茬口安排

早稻,于 4 月中旬直播,8 月上旬收获。花菜,60 天花菜于 7 月上旬育秧,8 月上旬定植,9 月下旬至 10 月中旬收获;180 天花菜于 8 月下旬至 9 月上旬育秧,10 月中旬移栽,翌年 3 月下旬至 4 月上旬收获。

(二)早稻栽培技术

1. 品种选用 选择生育期中等、矮秆、耐肥、抗倒伏、发根力强的早、中熟品种,如杭 959 等。

2. 整地播种 花菜收割后,花菜根叶还田,播前 10 ~ 15 天翻耕耙田,开好排水围沟及直沟。整平畦面,畦宽 2 ~ 3 米,全田高低落差不宜超过 3 厘米,畦面土壤软硬适中,以稻谷自然落粒陷入半粒为佳。

播前晒种、浸种催芽。选择籽粒饱满、无病虫的种子,然后用的确灵 8 克对水 5 ~ 7 升浸种 48 小时后催芽播种,或用 80% 402 乳剂 2 000 ~ 2 500 倍液浸种 48 小时以上,再用清水洗净药液后催芽播种,以露白或芽长半粒谷为度。在 90% 发芽率条件下,一般每 667 平方米大田播种量为 4 ~ 5 千克,基本苗控制在 10 万 ~ 14 万株,播种时要求匀播,带秤到田,分畦定量,播种后塌谷。

3. 科学施肥 施肥以“前促、中控、后补”为原则,前作花菜田肥料相对充足,基肥根据具体情况可少施。追肥,3 叶 1 心期,667 平方米施尿素 5 千克;分蘖肥,667 平方米用尿素 7.5 千克加氯化钾 5 千克;后期根据长势增施有机肥和磷、钾肥。早稻需特别注意穗肥的施用。

4. 水浆管理 一般 2 叶 1 心至 3 叶 1 心前保持土壤湿润或微裂缝,有利于深根,秧苗早发。3 叶期后为促进分蘖,应覆浅水。当达到预定苗标准时,及时排水搁田,搁田以多次轻搁为宜,以防止根系断裂。后期以交替灌水为主,干干湿湿,切忌断水过早。

5. 病虫草害防治 花菜收割后 667 平方米用 10% 草甘膦水剂 500 毫升对水 40 升喷雾杀除老草。在播后 2 ~ 4 天用 40% 直播净 60 克对水 40 升喷雾,药后 3 ~ 5 天保持田面湿润。为保证直播田杂草杀灭效果,应在 3 叶期进行 1 次茎叶处理,每 667 平方米用 35% 灵秀可湿性粉剂 50 克对水 40 升喷雾,施药后排干水,药后 2 天灌水上秧板。此外,根据病虫害发生情况,适时防治二化螟、稻纵卷叶螟、纹枯病等病虫害。

（三）花菜栽培技术

1. 品种选择　花菜 2 季种植,一般选用茬口相连的 60 天和 180 天花菜品种。要求优质、丰产,注意选取色泽饱满、发芽势强的种子。

2. 苗床准备　苗床宜选择地势稍高、排水良好之地,避免台风暴雨等极端恶劣天气的影响。苗床土以疏松肥沃的沙质土为好,土地深翻暴晒后,施基肥打底,一般 667 平方米施腐熟人、畜粪尿 1250 千克或 15 千克复合肥。花菜种子小,故苗床应力求平整,表层土匀细。

3. 播种育苗　60 天花菜于 7 月 10 日左右播种育秧为宜。过早播种气温高,容易导致早花现象,直接影响产量;过迟播种,则茬口推迟,不利于下季花菜种植。180 天花菜于 8 月下旬播种,也可根据当地实际,延迟至 9 月上旬播种。播种前,种子先用 55℃ ~60℃ 温水浸种 15 分钟后,水冷却后浸半小时,然后捞出稍晾,在阴凉处催芽至种子露白,土壤保湿即可播种。如种子质量好,亦可不经处理直接播种。

采用撒播,均匀播种。一般每 667 平方米大田用种 15 ~ 20 克,每 667 平方米苗床播种 0.3 ~ 0.4 千克,可移栽大田 1 公顷左右。播前用 48% 毒死蜱1 000 倍液或护地净 2 ~ 3 千克杀蝼蛄等地下害虫,用 60% 丁草胺 100 毫升对水喷洒畦面除草。夏季播种宜适当稀播,播后用细土盖籽。当幼苗出土,浇水后在幼苗根际薄覆砻糠或其他腐殖质细土 1 ~ 2 次,避免根部外露或倒伏,也有利于降低土温,保持土壤湿度,调节小气候,减少浇水次数。覆盖遮阳网、搭建小拱棚等可提高出苗率。此外,有条件的可以采用穴盘育苗,提高秧苗成活率,促壮秧。

当苗长到 2 叶 1 心时,按大小分级,进行分苗,分苗床与苗床要求相同。选阴天或傍晚分苗,苗距 10 厘米×10 厘米,栽后立即浇水。一般 60 天花菜秧龄控制在 25 ~ 30 天,真叶达到 5 ~ 6 片时定植;180 天花菜秧龄 35 ~ 40 天,视天气情况,可适当延长至幼苗真叶 6 ~ 7 叶时定植。但苗龄过长,植株老化,定植后生长缓慢,且有"早期结球"形成"小花球"的可能。

4. 移栽定植　花菜不耐涝,排水良好是栽培花菜成功的一个关键。同时,60 天花菜生长期短,生长迅速,对营养要求迫切,基肥以速效肥为主,一般以人、畜粪及腐殖有机肥为主。180 天花菜生长期长,基肥应以厩肥为主。但通常情况下,一般 667 平方米施碳酸氢铵 25 千克加过磷酸钙 15 千克或复合肥 30 千克打底。

畦宽 1.3 米(连沟,沟宽 30 厘米左右),每畦种植 2 行。60 天花菜株距

30~40厘米,每667平方米2500~3000株;180天花菜株距40~45厘米,每667平方米1500~2000株。若密度过稀,单株产量较高,但总产量不高;若密度过大,因植株拥挤,互相遮光,影响光合作用,产量下降。定植时,为减轻幼苗根系损伤,需带土移栽,不可裸苗移栽。

5. 大田管理 60天花菜生长期短,处于高温条件下生长,对肥水要求较高,在施足基肥的基础上,早施速效肥料。一般定植后3~5天施缓苗肥,每667平方米施尿素5千克;7~8天后施促苗肥,每667平方米施碳酸氢铵10千克、过磷酸钙10千克;初花期施重肥,667平方米施复合肥20千克。180天花菜生育期长,施肥要前期控、后期促,基肥667平方米施复合肥50千克;缓苗后667平方米施尿素5千克;翌年开春前667平方米施复合肥15~20千克;花球初期,667平方米施复合肥30~35千克。

花菜为喜湿润植物,在叶簇旺盛生长及花球形成期时,对水分需求量大,如水分不足,往往生长不旺,影响花球长大,特别在高温天,必须及时浇水。浇水以浇跑马水为主,快浇快排,避免浸泡时间过长,引起沤根。

6. 采收 60天花菜一般于9月下旬至10月中旬采收,180天花菜于翌年3月底至4月初采收。采收标准为花球成型充分,表面圆整,结球边缘未见散开。采收时可将花球下部几片叶片同时割下,既保护花球,又便于包装运输。采收后剩余花菜嫩叶还可以用作腌制梅干菜等。

(萧山区农技推广中心王翔,益农镇肖关林)

八、芥菜—单季晚稻栽培技术

党山镇有20多年冬季种植芥菜,然后制作"倒陡菜"出售的习惯,冬季芥菜收获后种一季单季直播晚稻。实行这一种植模式,效益较好。

(一)效益分析

据众安村典型户调查:一季芥菜667平方米可产鲜菜3850千克,农户自己制作"倒陡菜",平均70千克左右鲜菜可制作1坛(25千克)左右,每667平方米鲜芥菜可制作55坛左右,每坛60元,产值3300元,成本825元,纯利润2475元;晚稻平均产量550千克左右,产值1155元,成本661元,获纯利润494元。全年667平方米产值4455元,扣除成本1486元,获纯利润2969元。

（二）主要栽培技术

1. 芥 菜

（1）品种 选用地方品种细叶芥菜，有 2 种类型，一种叫黄芥菜或早芥菜；另一种叫青芥菜或迟芥菜。二者收获期相差 1 个月左右，农户为错开"倒陡菜"的制作时间，一般 2 种类型均有种植。

（2）育苗 选择地势高、土壤肥沃的田做苗床。深耕土壤，施足基肥，667 平方米用高浓度复合肥 20 千克或碳酸氢铵 25 千克加过磷酸钙 10～15 千克打底，用护地净 1 千克，整平土地。于 9 月 20 日至 9 月底播种，用种量每 667 平方米 400 克，秧本比 1∶5。播后用脚踏实，上面撒草木灰。2 叶期间苗，结合间苗施追肥，667 平方米用高浓度复合肥 7.5 千克，同时用吡虫啉 30 克防蚜虫；移栽前 1 周施起身肥，667 平方米施尿素 5～7.5 千克，667 平方米用吡虫啉 30 克防蚜虫，做到带肥带药移栽。

（3）移栽 11 月初晚稻收割后及时整地，667 平方米用碳酸氢铵 35 千克加过磷酸钙 17.5 千克作基肥，施后用拖拉机旋耕，然后整平做畦，畦宽 1.5 米，深沟高畦；苗龄 35～40 天移栽，每畦种 3 行，株距 30 厘米，667 平方米栽 4 000 株，一般要求在晴天下午移栽。

（4）大田管理 栽后 3～5 天施缓苗肥，667 平方米用碳酸氢铵 5 千克加过磷酸钙 2.5 千克对水浇施；年内看苗再施 1～2 次追肥，在苗黄老时或天气变冷时施，每次用尿素 7.5～10 千克，要求下午施；年外施 1 次，667 平方米用尿素 7.5～10 千克。注意开沟排水，一般不需防病治虫。黄芥菜于 3 月底收割，青芥菜于 4 月底收割。

2. 单季直播晚稻

（1）品种 选用 秀水 09、秀水 110、浙粳 22 等高产、优质、抗性强、不易倒伏的晚稻品种。

（2）种子处理 播前浸种。浸种前晒种 1 天，用 402 或 1.5% 的确灵可湿性粉剂溶液浸种 48 小时。用 402 浸种的捞出后要洗净，用的确灵浸种不用洗可直接催芽至露白，用 10% 吡虫啉可湿性粉剂 30 克拌种后，即可播种。

（3）播种 播种前 667 平方米施碳酸氢铵 50 千克作基肥，灌满水，削高垫低耙平，四周开好排水沟，于 6 月 10～15 日免耕撒直播。也可在芥菜收后机耕，施基肥，耙平做畦，畦宽 1.5 米，畦间做浅沟，四周开好排水沟，于 6 月 10～15 日撒直播。667 平方米播种量 4 千克。

（4）除草 播前 1 周，667 平方米用草甘膦 1 千克杀老草；播后 2 天用

40%直播净50~60克对水50升喷雾防治草害;以后看杂草生长情况适时除草。

(5)施肥 播后1周,水稻1叶1心期,667平方米施尿素3千克作断奶肥;3叶1心期,施高浓度复合肥10千克或尿素7.5千克作分蘖肥;再过半个月左右,施尿素10千克加钾肥7.5千克;8月20日左右,看苗施穗肥,施尿素4~5千克。

(6)病虫害防治 及时防治病虫害,667平方米用5%井冈霉素200克对水40升喷雾防治纹枯病;用75%三环唑25克对水50升喷雾预防稻瘟病;用5%锐劲特悬浮剂40毫升或31%三拂70毫升等喷雾防治稻纵卷叶螟;用25%吡蚜酮30克或25%扑虱灵50克对水喷雾防治稻飞虱。

(7)灌水 苗期保持沟内有水,灌浆期灌跑马水,整个生育期干湿交替为主,防断水过早。

(三)"倒陡菜"制作技术

芥菜收割后,晒半天,稍干瘪后,洗净,沥干,堆放2天,使叶片落黄;切成长0.5~1厘米小段,晒1~2天(太阳猛烈、温度高时晒1天,一般晒2天),晒时经常翻动,使受热均匀,程度一致,晒到鲜菜重量三成左右时堆晾;每100千克菜加9千克食盐,拌匀;放在缸中,踏实;过1~2天后,装坛,装一层压一层,压实,最后1层压到出水为止,用稻草绳盘口,涂泥,坛口朝下置于泥地上,1个月后可出售。可保存1年左右。

(四)注意事项

第一,大叶芥菜一般做鲜冬芥菜、水冬芥菜,有的地方叫雪菜,一般情况下很少用细叶芥菜;晒干后叫干菜或梅干菜,可用大叶芥菜,也可用细叶芥菜;以整条分枝晒干叫长枝干菜、长干菜的,一般就用细叶芥菜,因细叶芥菜分枝多,农民叫"八头芥",而大叶芥菜分枝少。制作"倒陡菜"的多用细叶芥菜,也可用大叶芥菜,但很少。

第二,如一家一户种芥菜多时,各批次芥菜的播种期一定要错开,以利于制作倒陡菜时劳动力、工具的安排。冬芥菜装坛封口后,一定要坛口朝下倒置于泥地上,以利于水分沥干,不能放置在水泥地或木板这类东西上,否则不香。

第三,芥菜收割后以免耕直播晚稻为佳,这样省工、省力、省本。

(党山镇吴关根,萧山区农业局程湘虹、徐剑)

九、西洋小黄瓜—晚稻栽培技术

西洋小黄瓜是党湾镇从荷兰引进的,与传统品种在大小、形状、刺瘤类型等方面有显著差别的小型黄瓜品种,无棱、瘤小、刺小,嫩果为绿色,成熟果呈黄色;商品瓜长4.2厘米、粗1.5厘米,单瓜重5克左右,每千克200条左右,单株瓜重1.3千克左右;种瓜长12厘米、粗10厘米。1998年,党湾镇红界村蔬菜加工厂开始试种西洋小黄瓜,通过几年种植情况看,经济效益较好,面积不断扩大,并逐渐向新湾、益农、党山等周边镇扩展。2007年调查,平均667平方米产小黄瓜1 500千克,产值5 700元,利润3 000元左右。从市场发展前景看,该产品主要以出口为主,产品供不应求,销售势头很好,具有较大的推广价值。西洋小黄瓜后直播晚稻已成为该镇主要的种植模式。

(一)西洋小黄瓜栽培技术

1. 土地选择 选择地势高、排灌畅通、保水保肥性能好、土壤pH值6.5 ~ 7.5、土壤有机质含量较高、土质疏松、土层深厚、能水旱轮作的耕地种植。

2. 育 苗

(1)配制营养土 菜园土70%、腐熟生活垃圾泥20%、腐熟粪肥10%、复合肥0.1%。菜园土应从3年内没有种过葫芦科作物、最好是种过葱蒜类作物的地块中取。

(2)种子处理和催芽 在55℃温水中浸种15分钟,冷却至常温浸泡2小时,用干净湿布包好,在28℃~30℃温度下催芽,催芽至种子50%露白时播种或晾干待播。每667平方米大田用种40克。

(3)播种及管理 3月下旬至4月初播种。苗床准备,在苗床表面覆盖5厘米厚的营养土,平整,划成7~8厘米见方的方块,然后播种,或点播在直径8厘米的营养钵中,播后覆盖营养土,以盖没种子为度,然后盖一层稻草或遮阳网,稻草上再盖一层地膜,搭小拱棚,并覆盖薄膜。苗床温度控制在28℃~30℃,出苗后立即除去薄膜、稻草,白天温度保持20℃~25℃,夜温15℃~18℃。

(4)苗期管理 苗期应增加光照时间,调节湿度,避免温度过高,促进根系早发。控制浇水,不干不浇,浇要浇透,浇水应选择在晴天上午10时左右进行。根据苗情,结合浇水,每50升水加腐熟人粪2千克,或尿素80克、复合肥80克,移栽前1~2天结合浇水施1次肥、防1次病,肥料可用雷力2000功能

型复合液肥或 0.3% 磷酸二氢钾 1 000 ~ 1 200 倍液,防病用 75% 百菌清可湿性粉剂 800 倍液喷雾防治。

3. 移 栽

(1)移栽前准备 移栽前 15 ~ 20 天,结合整地 667 平方米施腐熟有机肥 2 500 千克、复合肥 30 千克,整地后做 1 米或 2 米(连沟)宽的畦,畦面呈龟背形。开好腰沟,沟宽 50 厘米、深 40 厘米,同时挖深围沟,沟宽 40 厘米、深 40 厘米,以利于排灌。基肥施好后盖膜,盖膜要平整。

(2)适时移栽 在 4 月下旬,秧苗 2 ~ 3 片真叶,秧龄 25 ~ 30 天时,选择晴稳天气开始移栽,秧龄最迟不超过 30 天。移栽前 5 ~ 7 天进行炼苗,通风由小到大,直至日夜揭膜,使秧苗适应大田环境,促进缓苗。

(3)种植密度 畦宽为 1 米的,每畦种 1 行;畦宽 2 米的,每畦种 2 行。株距均为 25 厘米,每 667 平方米种植株约 2 600 株。种后将薄膜的洞口用泥封好。

4. 搭架整枝 当主茎长 30 厘米时开始搭架,搭"人"字形架或直立式架。搭"人"字形架时,相邻两畦的竹竿跨畦沟搭成,要求龙骨与沟底垂直距离 180 厘米,并及时缚蔓。摘除主蔓 5 节以内的雌花、雄花和侧枝,主蔓 25 节后及时打顶,促生子蔓、孙蔓结回头瓜。后期及时摘除下部老叶、病叶及采收完的侧蔓。缚蔓整枝在晴天下午进行,操作时人要站在沟中。

5. 肥水管理 在重施基肥的基础上,适时追肥。移栽后 2 ~ 3 天,每 667 平方米施 5% 腐熟人粪尿 250 ~ 300 千克或 0.3% 尿素液;5 ~ 6 叶时,施 20% 腐熟人粪 500 千克或尿素 3 ~ 5 千克;当第一批瓜结果时,施硫酸钾 10 千克;当第一批瓜采收后,每隔 10 天施 1 次追肥,施硫酸钾 8 ~ 10 千克;盛果期每隔 7 天施 1 次追肥,施硫酸钾 10 ~ 12 千克。盛果期除根际追肥外,每隔 1 周还需喷 1 次 0.2% ~ 0.3% 尿素加 0.2% 磷酸二氢钾溶液,或 1:0.5:100 = 糖:尿素:水或雷力 2000 功能型复合液肥 1 000 ~ 1 200 倍稀释液。雨季及时疏理沟渠,做到雨停沟干;高温干旱时,在傍晚沟浇跑马水。

6. 病虫害防治 在农业防治的基础上,采用物理防治、生物防治、化学防治,减少农药的使用量。主要是采取水旱轮作,避免与葫芦科作物连作,深沟高畦,覆盖地膜,中后期及时追肥,提高植株抗病能力。并及时清除田间残株和杂草。

早期以防治疫病、霜霉病、蚜虫为主;中后期以防治枯萎病、白粉病、潜叶蝇、红蜘蛛为主,同时注意对蚜虫、蓟马的防治。红蜘蛛用 72% 克螨特 2 500 倍液或 50% 卡死克乳油 1 500 倍液喷雾防治;蜗牛用 6% 密达颗粒剂每 667 平

方米 0.5 千克点施;小地老虎、蝼蛄用 48% 乐斯本 1 000 倍液畦面喷洒或 667 平方米用护地净 1～2 千克结合整地撒施,也可用 90% 晶体敌百虫 100 克用水溶化与炒香的棉仁饼等 4～5 千克拌成毒饵,傍晚时撒在苗根附近诱杀蚜虫;蓟马用 10% 吡虫啉可湿性粉剂 2 500 倍液或 5% 啶虫脒乳油 2 500 倍液喷雾防治;潜叶蝇用 0.6% 阿维菌素 2 000 倍液或 75% 灭蝇胺 5 000 倍液喷雾防治;苗期猝倒病、立枯病用 75% 百菌清 800 倍液或 72% 普力克 600 倍液防治;霜霉病、疫病用 68.75% 银法利 750 倍液,或 64% 杀毒矾可湿性粉剂 600～800 倍液,或 72% 杜邦克露 600～800 倍液,或 25% 甲霜灵 1 000 倍液,交替防治,防治疫病应喷雾与浇灌相结合;细菌性角斑病用 72% 农用链霉素 3 000 倍液或 20% 龙克菌 500 倍液喷雾防治;枯萎病用 40% 抗枯宁 800 倍液或 50% 多菌灵 800 倍液灌根防治;白粉病用 50% 翠贝 3 000 倍液或 25% 富力库 2 500 倍液防治。

7. 采收 根据要求及时采摘。一般一级瓜直径为 0.9～1.5 厘米、每千克 160～350 条,二级瓜直径 1.5～1.75 厘米、每千克 110～160 条,三级瓜直径 1.75～2 厘米、每千克 60～110 条。采摘一定要仔细,不要漏摘。要求现摘现售,不售隔夜瓜,瓜型均匀,无花无柄,无机械损伤、病虫斑、畸形瓜。

(二)晚稻直播技术

1. 选用良种 采用中熟偏早类型品种,如秀水 128 等。

2. 播前准备 及时拆棚,翻耕土地;晚稻播前进行晒种,每 667 平方米播种量 3～4 千克,做好种子消毒与浸种催芽工作,用的确灵 1 包浸 5 千克谷种,保温催芽以露白根芽初现为适。露白后每 667 平方米用 20 克吡虫啉加稻拌威(好年冬)20 克拌种,既防稻蓟马,又防雀害。

3. 精细播种,及时除草 一般催芽到根长一粒谷、芽长半粒谷时播种,田块一定要耥平。播后 2～3 天内每 667 平方米用 40% 直播净 60 克对水 50 升喷雾防治草害。

4. 肥水管理 秧苗到 2 叶 1 心时,灌水上板,以后做到薄露灌溉,苗数达到 50 万株左右开始搁田,后期以干干湿湿为主。由于前作为黄瓜,剩余肥力足,因此前期要控制肥料使用,一般到 2 叶 1 心时 667 平方米施尿素 6 千克,到 4 叶期施尿素 10 千克,复水前施三元复合肥 15 千克。

5. 病虫害防治 667 平方米用 5% 井冈霉素 200 克对水 40 升喷雾防治纹枯病;用 75% 丰登 25 克对水 50 升喷雾预防穗瘟;用 5% 锐劲特悬浮剂 40 毫升或 31% 三拂 70 毫升等喷雾防治稻纵卷叶螟;用 25% 吡蚜酮 30 克或 25% 扑

虱灵 50 克对水喷雾防治稻飞虱。

（党湾镇徐绍才、谢筱权）

十、马铃薯—单季晚稻种植模式

戴村镇地处浦阳江以南，为水稻种植区，全镇耕地面积 1 260 公顷（1.89 万亩）。近年来，春季马铃薯—单季晚稻一年二熟种植模式在该镇有较大发展，该种植模式具有省工、省力、操作技术方便、容易被广大农户所接受等特点，经济、生态、社会效益较好。

（一）效益分析

2005～2007 年 3 年，全镇累计推广应用该模式 21.33 公顷（320 亩），每 667 平方米马铃薯产量 1 925 千克，晚稻产量 550 千克，2 季总产量 792 吨，总产值 109.12 万元，总净收入 63.68 万元。据对永富村积堰山 0.72 公顷（10.8 亩）马铃薯—单季晚稻种植模式实产调查，667 平方米马铃薯产量 1 952 千克，产值 2 342.4 元；晚稻产量 565 千克，产值 1 130 元；2 季合计产值 3 472.4 元，除去生产成本 1 420 元，净收入 2 052.4 元。比传统种植的小麦、油菜—晚稻等种植模式，每 667 平方米净收益要增三至四成。

马铃薯—单季晚稻种植模式通过免耕直播等轻型栽培技术，省工、省力；同时，通过水旱轮作，改善了稻田土壤理化性状，改变了田间生态环境，减少了病虫草危害，有利于作物的丰收。

（二）主要栽培技术

1. 马铃薯

（1）田块准备　田块应选择地势比较高燥、排灌方便的水稻田。根据田块形状拉绳挖沟做畦，畦宽 90～140 厘米，沟宽 25 厘米，沟深 20 厘米。要求长田开横沟，方田开"十"字形沟。在播种前，畦面上的沟泥耙成弓背形。

（2）种薯准备　选用早熟高产品种，如东农 303、费乌瑞它、中薯 4 号等。种薯应催芽，以带 1 厘米左右长度的壮芽播种为佳。播前大种薯应切块，每个切块至少要有 1 个健壮的芽，切口距芽 1 厘米以上。在切块时要直切，不要横切。小种薯以整薯播种效果好。种薯在播前用 50% 多菌灵可湿性粉剂 250～300 倍液浸种 5～10 分钟，稍晾干后用草木灰拌种，即可播种。

（3）播种时间　采用稻田免耕稻草覆盖种植的，播种时间适宜在 1 月下

旬;采用稻草加小拱棚覆盖的,播种时间提早到 12 月下旬。播种时,将种薯芽眼向下斜播在畦面上,使种芽直接接触到土壤,有利于薯种发根。

（4）播种密度 高燥田块每畦净宽 130～140 厘米,每畦播 4 行,行距 30 厘米左右,株距 25 厘米,畦两边各留 20 厘米;地势稍低田块,每畦净宽 90～100 厘米,每畦播 2 行,行距 50～60 厘米,株距 25 厘米,畦两边各留 20 厘米。

（5）施足基肥 要求一次性施足基肥,每 667 平方米施高浓度复合肥 60～75 千克加 10～15 千克硫酸钾或农家肥 750～1 000 千克加高浓度复合肥 50 千克。在施肥方法上,应在马铃薯播种后将复合肥施在薯种 5 厘米外周行间,不要让种薯接触到复合肥,以防烂种。若以腐熟的厩肥作基肥,可在起沟前在稻板上施下。薯块茎膨大期,看苗情进行叶面追肥,有利于延缓植株衰老,增加产量。

（6）稻草覆盖 播种后,将稻草均匀覆盖在畦面上,稻草不能盖得太薄,防止产生绿薯和杂草;也不能覆盖得太厚,防止出苗受阻,成本增加。一般盖草厚度以 8～10 厘米为好,667 平方米田需要 2 000～2 668 平方米田的稻草。稻草覆盖要均匀到边,不留缝隙。

（7）科学管理 由于畦面稻草覆盖能抑制杂草生长,一般不用除草。沟边杂草可在薯苗未出前用除草剂或人工拔除。播种后如遇干旱,特别是播后土壤干燥,可采用沟灌的方法,使畦面潮湿后,及时排水落干,以利于马铃薯生长。生长中后期要及时排水,不让畦面和沟中积水,以免造成烂薯和影响生长。马铃薯易感早疫病、晚疫病和病毒病,对上述病害要做到预防为主。

（8）适时收获 早熟品种出苗后至收获需要 60 多天时间。通常待茎叶自然黄熟时,就可以开始收获。采用稻草覆盖的一般在 5 月下旬;采用小拱棚加稻草覆盖的可提前至 5 月中旬。采用稻田免耕稻草覆盖栽培的马铃薯,由于薯块生长在土壤表面、稻草以下,所以收获时只要掀去稻草就可以拣薯了,省工省力。所收薯块圆整,色泽鲜嫩光亮,带泥极少,容易洗清出售,价格也高于常规种植的马铃薯。注意要防止产生绿薯,马铃薯一旦变绿就不能食用,因为绿薯内龙葵素含量剧增,食用后会中毒。

2. 晚 稻

（1）选用良种 晚稻要选择高产、优质、抗病品种,如秀水 110、嘉 991、秀水 09 等。

（2）种子消毒 晚稻种子用 1.5% 的确灵可湿性粉剂溶液浸种 48 小时,捞出催芽至稻谷露白,每 667 平方米的种子用 10% 吡虫啉可湿性粉剂 30 克拌种,达到催芽标准即可进行播种。药剂处理可防止恶苗病、干尖线虫病和条

纹叶枯病的发生与传播。

（3）适时播种　马铃薯在 5 月底可全部收获，6 月上旬进行晚稻播种。667 平方米播量控制在 3.5～4 千克。同时用旋耕机将稻草翻入土中，平整好田块，并在四周开好围沟，留好操作行。

（4）科学施肥　由于前作马铃薯是旱作，土壤肥沃，养分充足，在晚稻施肥上采取控氮、增钾措施。氮肥使用量可比常规晚稻少施 10%，由于马铃薯需钾量大，晚稻要适当增加钾肥用量。

（5）水浆管理　播后至 2 叶 1 心，要求土壤湿润；3 叶 1 心后薄水上秧板，做到薄露灌溉，促使早发快发；苗数达到预定苗数时搁田控苗，中后期灌好养胎水，后期灌好活水防断水过早。

（6）病虫草害防治　晚稻病虫草害主要是"一草三虫二病"。在防治措施上，播后 2～4 天用 40% 直播净 60 克对水 40 升进行喷雾；3 叶 1 心期用 25% 杀稗王 35～40 克加 10% 苄黄隆 15～20 克对水 40 升进行补治。病虫害防治上根据病虫情报，开展以"三虫二病"为主的防治，确保晚稻丰收。每 667 平方米用 5% 井冈霉素 200 克对水 40 升喷雾防治纹枯病；用 75% 丰登 25 克对水 50 升喷雾预防稻瘟病；用 5% 锐劲特悬浮剂 40 毫升或 31% 三拂 70 毫升等喷雾防治稻纵卷叶螟；用 25% 吡蚜酮 30 克或 25% 扑虱灵 50 克等对水喷雾防治稻飞虱。

（戴村镇孙越信）

十一、不同摆种方法对马铃薯产量的影响

马铃薯是一种高产、高效、适应性广的粮饲菜兼用作物。传统方法种植马铃薯，农事操作繁杂，费工费力。稻田免耕、稻草全程覆盖种植马铃薯改变了传统栽培方法，是一项省工节本、增产增收的轻型栽培技术。该技术的推广应用，对于解决冬季季节性抛荒问题、提高粮食复种指数、增加农民收入，具有十分积极的意义。

近几年示范推广表明，出苗率的高低是马铃薯能否高产以及能否普及这项技术的关键之一。马铃薯播种时若遇到低温、多雨天气，出苗时间就会拉长，很容易造成烂种，而播种时薯种的摆放方法对马铃薯播种出苗率有明显的影响。2005 年，萧山区农科所进行了不同摆种方法对马铃薯出苗率和产量的对比试验，结果如下。

（一）试验方法

1. 试验地块 本试验设在区农科所内,土壤为壤土,肥力中等,透水性一般,冬季光照较差。

2. 试验处理 品种为东农303。试验共设3个处理:①切面向下、种芽向上摆放;②切面向侧、种芽侧放;③切面向上、种芽向下摆放。

3. 试验经过 播前清除杂草,免耕开沟,畦宽105厘米,沟宽25厘米,畦两边各留20厘米,每畦种3行,株距为30厘米,密度为每667平方米5 100株。

2月4日对种薯进行切块处理,以每块重40克左右为标准,芽长0.5～1厘米,切后蘸上草木灰。2月5日播种,播种后每667平方米用含氮、磷、钾各15%的复合肥75千克,施于种薯5厘米外周行间,然后盖上10厘米厚稻草,不进行化学除草和病虫害防治。5月30日收获。

（二）试验结果与分析

1. 对出苗速度的影响 不同摆种方法,种薯出苗速度不同（表1）,种芽向下摆放和侧向摆放,出苗相对较快;而种芽向上摆放,出苗相对较慢。通过观察,发现薯块上的芽眼紧贴土壤,薯根伸长较快,容易从土壤中吸取水分和养分;而种芽向上摆放薯块上的芽眼不能直接接触到土壤,薯根伸入到土壤的时间较长,出苗相对偏迟。

表1 马铃薯不同摆种方法对出苗、齐苗、出苗率与产量的关系

处　　理	播种期 （月/日）	出苗期 （月/日）	出苗率 （%）	折单产 （千克/667米²）
切面向上种芽向下摆放	2/5	4/4	83.3	2770.6
切面侧放种芽侧摆放	2/5	4/5	50.0	1836.8
切面向下种芽向上摆放	2/5	4/7	27.8	1180.1

2. 对出苗率的影响 3个不同种薯摆放处理,对马铃薯出苗率的影响极显著。种芽向下摆放,出苗率最高为83.3%;其次是种芽侧向摆放,出苗率为50%;而种芽向上摆放,出苗率仅有27.8%。分析认为,播种期在低温多雨的情况下,土壤潮湿且易积水,种薯切面向上使切口相对干燥,病菌不易感染,烂种率较低;切面向下及侧放,在土壤湿度高或积水的情况下,切口容易被病菌

感染而造成烂种,影响了出苗率。

3. 对产量的影响　由于出苗差异,对马铃薯的产量影响也就非常明显。种芽向下摆放 667 平方米产量达 2 770.6 千克,侧向摆放产量为 1 836.8 千克,而向上摆放产量只有 1 180.1 千克。

(三)小　结

不同摆种方法对免耕、稻草全程覆盖种植马铃薯的出苗速度有一定的影响,播种时薯眼(芽)紧贴土壤出苗速度相对较快。而在低温多雨的气候下,马铃薯种薯的摆放还十分明显地影响马铃薯的出苗率,薯块芽眼向下、切面向上出苗率高、产量高;薯芽向上、切面向下出苗率低、产量低。因此,免耕、稻草全程覆盖种植马铃薯时,应特别注意种薯的摆放位置,尤其是播后遇长期低温多雨,对马铃薯产量影响较大。

(萧山区农科所徐一平、钟莉)

十二、不同施肥水平对马铃薯产量的影响

稻田免耕、稻草全程覆盖种植马铃薯是一项新的栽培技术,这项栽培技术操作简单、省工省力、成本低、产量高。为探讨该项技术的最佳施肥量,2005年,萧山区农科所对春播马铃薯进行了不同肥料用量的对比试验。

(一)试验材料与方法

1. 试验材料　试验品种为东农 303;复合肥为芬兰产,含氮、五氧化二磷、氧化钾各 15%;覆盖材料为当年收获晚稻草。

2. 试验设计　试验在萧山区农科所基地内。土壤质地为壤土,肥力中等,排水较好,前作空地。试验共设 4 个处理:667 平方米施肥量分别为 30 千克、50千克、70 千克、90 千克复合肥。小区面积 13.3 平方米,随机排列,3 次重复。

3. 试验经过　2 月 5 日整地做畦,畦宽 105 厘米,沟宽 25 厘米、深 20 厘米。2 月 28 日摆种,每畦种 3 行,株距 30 厘米,畦两边各留 20 厘米,667 平方米种植 5 100 株左右。采用整块小种薯,667 平方米用种量 210 千克。摆种后,复合肥施于种薯 5 厘米外行间,然后盖上 10 厘米左右厚的稻草。未进行化学除草和病虫害防治。3 月 27 日出苗,出苗率为 94.1%。5 月 31 日收获。

（二）结果与分析

1. 产量　从试验结果看,施肥量与产量有着密切关系,产量随施肥量增加而增加(表2)。但经方差分析,各施肥量之间产量差异不显著(表3)。

表2　各处理产量结果

试验处理	退黄期（月/日）	收获期（月/日）	小区产量（千克）				折单产（千克/667 米²）
			I	II	III	合　计	
复合肥 30 千克	5/15	5/31	38.34	38.92	44.12	121.38	2023
复合肥 50 千克	5/15	5/31	42.3	39.90	48.90	131.1	2185
复合肥 70 千克	5/20	5/31	47.98	39.36	50.00	137.34	2289
复合肥 90 千克	收获时未退黄		51.92	43.12	46.88	141.92	2365

表3　方差分析

变异来源	平方和	自由度	均　方	F 值	显著水平
区组间	106.4117	2	53.2058	5.33	0.0467
处理间	78.5452	3	26.1817	2.623	0.1453
机　误	59.9858	6	9.9826	—	—
总变异	244.8526	11	—	—	—

2. 效益分析　按马铃薯每千克1.00元、复合肥每千克2.52元计算。施30千克复合肥处理的产出效益为1:2.6,50千克复合肥产出效益为1:3.2,70千克复合肥产出效益为1:2,90千克复合肥产出效益为1:1.5。单从产出效益看,667平方米施50千克复合肥效益最高。

（三）小　结

试验结果表明,稻田免耕、稻草全程覆盖种植马铃薯,667平方米施50~70千克三元复合肥为最佳施肥量,随着施肥量继续增加,产量有所提高,但增产潜力不大,收获期推迟,影响经济效益。

（萧山区农科所徐一平、钟莉）

第二部分 蔬 菜 篇

十三、瓜—豆—豆蔬菜种植模式

萧山东北部围垦区地势平坦,土壤肥沃,适合蔬菜业发展。20世纪90年代末,随着农业产业结构的调整,农民调整种植结构积极性高涨,大力发展蔬菜生产,新的蔬菜种植模式不断涌现,种植效益不断提高,蔬菜产业已经成为该地区的支柱产业。特别是在加工企业和本地蔬菜营销大户的推动下,先后引进试种日本胡瓜,又在胡瓜棚里套种豇豆、四季豆等,经过多年探索和发展,形成了胡瓜—豇豆—四季豆新的蔬菜种植模式,在河庄、靖江等镇迅速推广开来。这种新种植模式充分利用了本地自然条件和市场优势,经济效益较为显著。

(一)种植效益

据河庄、靖江示范点调查,第一季日本胡瓜平均667平方米产量4 930千克,产值2 811元,纯利润1 704元;第二季豇豆平均667平方米产量1 772千克,产值2 056元,纯利润1 536元;第三季四季豆平均667平方米产量1 252千克,产值1 564元,纯利润1 269元。全年3季作物平均667平方米产量7 954千克,产值6 431元,纯利润4 509元。该模式既省工,又省本;能利用胡瓜棚架,一次搭棚,多次利用,减少搭棚用工和搭架材料费用;又能利用胡瓜地土壤存余肥料,减少下季作物的肥料用量,同时后2季作物都免耕套播,节省机耕费和时间,农民很容易接受。全区应用该种植模式面积稳定在333.33公顷(5 000亩)左右,特别是在秋季叶菜类蔬菜短缺的年份,秋季的豇豆、四季豆价格更高,效益更好。

(二)主要栽培技术

1. 水旱轮作 实行1年水稻1年旱作的轮作方式,这是夺取"一瓜二豆"优质高产的基础。

2. 品种选择 日本胡瓜选用纯度高、丰产性好、品质优的节成系列、夏秋四叶等品种;豇豆选用商品性好、高产优质的美豇1号、台豇80、之豇28-2等;

四季豆选用耐低温、品质优、高产的双青 7 号玉豆。

3. 适时播种、合理密植 胡瓜在 3 月 25 日左右播种,采用小拱棚育苗。在瓜苗移栽前搭好棚架,4 月 25 日前移栽,秧龄在 30 天左右;移栽前做畦,宽 2 米,做到深沟高畦,每畦种 2 行,株距 35～40 厘米,667 平方米栽 1 700～2 000 株。利用胡瓜棚架,豇豆在 6 月底进行套播,密度同胡瓜,每穴播 5～6 粒,每 667 平方米 9 000 株。四季豆在 8 月 20 日左右套播,密度同豇豆,每 667 平方米 9 000 株。胡瓜与豇豆、豇豆与四季豆间共生期在 10 天左右为宜。既提高土地的利用率,又能确保各季作物苗期通风透光,正常生长。

4. 田间管理

(1)抓好冬耕 冬季采用大型拖拉机深翻,加深土壤耕作层,促进土壤疏松。在 1 月底至 2 月初施足施好基肥,667 平方米施腐熟有机肥 2 000～3 000 千克、碳酸氢铵 50 千克、过磷酸钙 30 千克、饼肥 100 千克混合,在畦中间开沟深施。

(2)科学施肥 胡瓜在施足基肥的基础上,秧苗移栽后及时施 1 次缓苗肥,用 1:1 碳酸氢铵加过磷酸钙各 500 克对水 50 升浇施。以后追肥要掌握三看,即看天气、看苗势、看土壤肥力进行。在胡瓜旺果期,667 平方米用三元复合肥 35～40 千克,尿素 70～75 千克,分多次交替施用,一般间隔 5～7 天施 1 次追肥,做到少量多次,避免肥害。在豇豆旺采期,667 平方米施三元复合肥 25～30 千克、尿素 30～35 千克,分多次交替施用,一般间隔 5～7 天施 1 次。在四季豆旺采期,667 平方米用三元复合肥 15 千克、尿素 15～20 千克,分多次交替施用,一般间隔 5～7 天施 1 次。

(3)病虫害防治 胡瓜主要病害是霜霉病、疫病、细菌性角斑病、白粉病等。霜霉病、疫病等可用 68.75% 银法利悬浮剂 750 倍液,或 72% 杜邦克露 600 倍液,或 80% 代森锰锌 600 倍液,或 80% 大生可湿性粉剂 600 倍液,或 72.2% 普力克水剂 600 倍液,在发病初期叶片正反面均匀喷雾,注意交替使用;细菌性角斑病可用 77% 可杀得可湿性粉剂 800 倍液,或 72% 农用链霉素可溶性粉剂 4 000 倍液,或 20% 龙克菌悬浮剂 500～700 倍液,喷雾防治;白粉病可用 50% 翠贝干悬浮剂 3 000 倍液,或 15% 粉锈宁可湿性粉剂 1 500 倍液或 25% 富力库水乳剂 2 500 倍液喷雾防治,每隔 7～10 天防 1 次,连续防治 2～3 次。胡瓜主要害虫是瓜绢螟,在 2 龄幼虫盛发期(未卷叶前)可用 5% 锐劲特悬浮剂 2 500 倍液或 24% 美满悬剂 3 000 倍液喷雾防治。

豇豆主要害虫是甜菜夜蛾、斜纹夜蛾、豆荚螟等,四季豆主要害虫是美洲

斑潜蝇、蚜虫等。甜菜夜蛾、斜纹夜蛾可用24%美满2 000~2 500倍液或奥绿一号800~1 000倍液等防治,豆荚螟可用5%锐劲特悬浮剂1 500倍液或20%绿得福微乳剂800倍液等防治;美洲斑潜蝇可用75%灭蝇胺可湿性粉剂5 000~7 500倍液喷雾防治。在豇豆上治虫时要在早上或傍晚喷药,既要喷植株上的花,又要喷已落到地上的花。

(4)三沟配套 做好深沟高畦,确保排水畅通,做到直沟顺、横沟深,直沟通横沟,横沟通排水沟,排水沟通河流,达到沟沟相通,雨后田间无积水,促进作物根系深扎,健壮生长高产丰收。

5. 适时采收 胡瓜按收购标准,节成瓜长16~20厘米,直径2~3厘米;四叶瓜长30~35厘米,直径2~3厘米。根据生长情况,一般每天或隔天采收1次,采后及时销售。

豇豆、四季豆要适时采收,当荚条粗细均匀、荚面豆粒处不鼓起、达到商品荚标准时,可立即采收。如果采收过晚,荚肉变松,色变白,炒食风味降低,价格下降,同时影响下茬嫩荚生长。一般盛收期应每天采收1次,后期可隔天采收1次。

(靖江镇陈传兴,河庄镇周国云)

十四、鲜食大豆—干籽大豆—萝卜栽培技术

为进一步完善高效种植创新模式的推广和配套生产技术的应用,2006年,在第二农垦场十二分场示范了鲜食大豆—干籽大豆——刀种萝卜模式,取得了较好的经济效益。

(一)效益分析

据十二分场1.53公顷(23亩)示范方调查,每667平方米鲜食大豆产量556千克,平均价格每千克2.44元,产值1 356.6元,成本656元,纯利润700.6元;干籽大豆产量175千克,平均价格每千克4.2元,产值735元,成本385元,纯利润350元;萝卜产量5 750千克,平均价格每千克0.23元,产值1 322.5元,成本748元,纯利润574.5元。平均667平方米年产值3 414.1元,成本1 789元,年纯利润1 625.1元,达到了较高的复种指数和良好的经济效益。

（二）主要技术措施

1. 鲜食大豆

（1）选择良种 根据不同的种植方式，因地制宜选用不同品种。该种植模式主要选用适应性广、丰产优质的早熟品种95-1等。

（2）适时播种育苗 育苗地选择肥沃、高燥、背风向阳的地块，畦宽1.5米，于3月上旬播种，播种量为每平方米450克，均匀播种，用细泥覆盖，再搭好小拱棚。

（3）精细整地，合理密植 于3月下旬及时整地，畦幅宽连沟90厘米。掌握秧龄25天左右移栽，每畦种植2行，每穴种3株，每667平方米1.8万株左右。

（4）科学施肥 施足基肥，移栽前15天，667平方米施高浓度复合肥20千克、尿素7.5千克，翻耕做畦；苗期施尿素5千克，始花期施高浓度复合肥8千克作花荚肥，结荚时再施尿素8千克，促进鼓粒。

（5）病虫草害防治 在移栽前1天，每667平方米用33%施田补100毫升对水40升喷细雾进行土壤处理；大豆封行前用10.8%高效盖草能30毫升对水40升于豆苗行间定向喷雾杀灭单子叶杂草。在虫害防治上，苗期蜗牛667平方米用6%密达颗粒剂0.5千克撒施诱杀；地老虎用48%乐斯本乳油1 000倍液喷雾；蚜虫用10%吡虫啉20克对水30升喷雾；夜蛾类害虫用1.8%甲基阿维菌素乳油2 500倍液，或24%美满2 500倍液，或奥绿一号800倍液喷细雾防治。采用高效低毒、低残留农药交替施用，提高防效，控制残药，降低成本。

2. 干籽大豆

（1）选择良种 选用地方品种五月白。

（2）适时播种 于6月上旬露地穴播，畦宽连沟90厘米，播种2行，667平方米播种量6.5千克，穴距30厘米，每穴播3粒，密度1.4万株左右。

（3）科学施肥 基肥667平方米施高浓度复合肥10千克，硼砂0.5千克；苗肥施尿素3千克；花荚期施尿素12千克，分2次施用。

（4）病虫草害防治 播后667平方米用10%草甘膦500毫升加33%施田补100毫升对水40升喷雾，中期杂草用20%百草枯200毫升对水40升定向喷雾。地下害虫、蜗牛在出苗时667平方米用6%密达0.5千克撒施诱杀；蚜虫用10%吡虫啉20克对水40升喷雾，夜蛾类害虫用菊酯类农药2 000倍液喷雾防治。

（5）适时收获　待荚壳纤维硬化、种皮增硬、荚色呈黄色、叶片变黄色时收获为佳。

3. 一刀种萝卜

（1）精细整地　于9月上中旬采用大型翻耕机进行深翻,有利于加深土层、疏松土壤、改良土壤结构。机械开沟,畦宽（连沟）为130厘米。

（2）选择良种,适时播种　选用本地品种一刀种萝卜,于9月上中旬开槽播种,每畦播4行,每667平方米播种量为1千克。

（3）及时间苗定苗　齐苗后及时进行间苗,到2叶1心时定好苗,苗距控制在10厘米左右。

（4）科学施肥　实行控氮、稳磷、增钾、补微的施肥技术,采用"一基四追"法施肥。基肥667平方米施碳酸氢铵40千克、加过磷酸钙15千克、加硫酸钾10千克、加硼砂1千克拌匀混施,深翻入土。苗肥施尿素5千克,萝卜破肚白时施高浓度复合肥15千克,生长盛期施高浓度复合肥15千克,后期施尿素10千克。

（5）防治虫害　于出苗时667平方米用10%吡虫啉可湿性粉剂20克对水30升喷雾;中后期对夜蛾类害虫防治3次,第一次667平方米用24%美满悬浮剂2500倍液喷雾,第二次用48%毒死蜱乳油90毫升对水50升喷雾,第三次用2.5%溴氰菊酯（敌杀死）乳油2500倍液喷雾。

（6）适时采收　总生育期80天左右,于11月底收获为佳。

（第二农垦场鲍传林、华成华）

十五、鲜食大豆一年三熟栽培技术

鲜食大豆一年三熟栽培是萧山东片地区近年来发展起来的一种新的种植模式,在种植过程中要合理利用季节,即大豆与大豆的间套作和早、中、晚品种合理搭配。科学间套、合理搭配品种是获得3季鲜食大豆优质高产的保证。

（一）茬口及品种选择

第一季采用小拱棚栽培技术,品种为早熟品种95-1等,2月中下旬至3月上旬播种,5月中旬至6月中旬收获;第二季在95-1植株两边间套播种,品种为迟熟品种台湾75等,4~5月份直播,7月中旬收获;第三季在第二季台湾75大豆收获后播种,品种为地方品种六月半,8月上中旬播种,10月中旬至11月上旬收获。

(二)主要栽培技术

1. 适时播种

(1)第一季鲜食大豆　促早栽培,品种为95-1,育苗移栽。一般在2月中旬用地膜加小拱棚育苗,每平方米苗床播种量0.5千克,每667平方米大田需苗床15～16平方米,大田用种量7～7.5千克。选择排灌畅通、土壤疏松的优质地块做苗床。播种时落籽要均匀,播后覆土,以不露籽为宜,然后搭好棚架盖上薄膜。由于早春气温低,出苗及秧苗生长慢,一般秧龄需25～30天。适时移栽、合理密植。当秧苗第一真叶展开前,选择晴天及时移栽,做到当天移栽当天搭棚盖膜,防止寒风吹膜伤苗。一般畦宽(连沟)1.3～1.4米,每畦种3行,行距35～40厘米,株距20～22厘米,沟两边留空15～20厘米,667平方米植7000穴左右,每穴植3株,667平方米苗数21000株。

(2)第二季鲜食大豆　间套作,品种为台湾75。在前作鲜食大豆的沟边套播,每边播1行,每畦2行,株距20～25厘米,每穴播2～3粒,667平方米播4000～5000穴,苗8000～10000株。在前作棚膜未揭前,667平方米用克无踪100毫升喷杀沟边杂草。在前作收获前近1个月时间里,要加强田间管理,防止豆苗徒长倒伏压苗;前作收获后把秸秆均匀摊放在畦中间,达到秸秆还田、覆盖杂草以及防止高温土壤返盐的作用。

(3)第三季鲜食大豆　直播,品种为六月半。在8月上中旬播种,每畦播3行,行距40～45厘米,株距25～30厘米,667平方米播种6000穴左右,每穴播种2～3粒,播后用100毫升施田补喷雾除草。

2. 科学施肥

(1)施肥策略　一般采用施足基肥、适施追肥的施肥方法,以总肥量的70%作基肥,10%作提苗肥,20%作花荚肥。因基肥用量较大,应采用有机肥和化肥配合使用。另外,还要根据土壤肥力及前作情况而酌情使用。

(2)施肥方法　在播种前7～10天,667平方米用生物有机肥150千克或饼肥40～50千克、高浓度复合肥20千克、硼砂0.5～0.75千克作基肥。追肥3次,在第一复叶期施高浓度复合肥5千克作促苗肥;开花结荚初期用高浓度复合肥5～7.5千克作花荚肥;结荚中期施高浓度复合肥5千克、尿素5千克作鼓粒肥。

3. 病虫害防治　鲜食大豆病害主要有病毒病、白粉病和豆荚炭疽病。在第一复叶至第四复叶期分别用10%吡虫啉和20%病毒A可湿性粉剂2000倍液预防病毒病。始花期和鼓粒初期根据病害发生情况,注意防治白粉病,分

别用50%翠贝2 500倍液和50%多菌灵可湿性粉剂800倍液喷雾。鼓粒期应预防豆荚炭疽病的发生,可用40%福星乳油8 000倍液或50%翠贝干悬浮2 500倍液喷雾防治。鲜食大豆害虫主要有地老虎、蚜虫、夜蛾和螟虫等,可视发生情况及时用药防治。苗期防治地老虎可用40%毒死蜱800倍液喷雾,蚜虫、夜蛾和螟虫可分别用10%吡虫啉可湿性粉剂2 000倍液、24%美满悬浮剂2 500倍液和40%毒死蜱乳油800倍液喷雾防治。要全面推广生物农药和高效、低毒、低残留农药,严格按照安全间隔用药,多种农药交替施用。

4. 适时采收 做到适时采收,提早上市,提高经济效益。95-1鲜食大豆豆荚充分鼓粒、颜色较深时采收;出口加工用的台湾75应在豆荚色泽鲜绿、鼓粒约八成足时采摘,采后禁止浸水,及早运到加工厂,以确保品质。

(新湾镇孙关兴、童文君)

十六、设施西瓜双季栽培技术

戴村镇地区位于浦阳江以南,现有耕地面积1 260公顷(1.89万亩),常年以种植水稻为主。随着产业结构的调整,水稻种植面积减少,经济作物面积增加,特别是近年来,利用设施栽培种植双季小西瓜面积迅速扩大,2006年推广种植设施西瓜双季栽培面积13.33公顷(200多亩),经济效益明显。该种植模式的主要优点是比单季西瓜产量高、品质好、经济效益高。

(一)经济效益分析

据2006年4.33公顷(65亩)双季栽培西瓜典型户调查,第一季西瓜667平方米产量2 050千克,产值5 740元,成本2 255元,利润3 485元;第二季西瓜667平方米产量1 550千克,产值3 875元,成本1 705元,利润2 170元。双季667平方米产西瓜3 600千克,产值9 615元,成本3 960元,利润5 655元,总利润达36.75万元。

(二)主要栽培技术

1. 第一季西瓜

(1)选用良种 选用早熟、高产、优质、抗病、适应性广的84-24等品种。

(2)营养钵育苗 苗床选择背风向阳田块,与非瓜类作物轮作,底层铺塑料膜,塑料膜上面铺2~3厘米厚稻草,稻草上面再放一层地膜,地膜上面放置电热丝,上面再放营养钵。西瓜种子于12月下旬播种,播前选择晴天晒种

1～2 天,后将种子用多菌灵 500 倍液浸种 1～2 小时进行种子处理,捞出后将种子洗干净,沥干水分,用湿布包好,置于 28℃～32℃ 的环境下催芽,待种子胚根 1 毫米时,分次拣出,在常温下炼芽 12～18 小时。每 667 平方米大田用种量 25 克,每只营养钵播种 1 粒种子。搭好小拱棚盖膜育苗,苗床温度白天保持 28℃～30℃,夜间保持 15℃～20℃,播后 4～5 天即可齐苗。育苗阶段一般不施肥,齐苗后至定植前每隔 7～10 天喷 1 次 70% 甲基托布津防治西瓜病害。秧龄 35～40 天,有 3 片真叶的健壮秧苗即可定植移栽。

(3)整地做畦、搭棚盖膜 晚稻收获后及时翻耕,移栽前 2～3 天再进行 1 次耕耙。大棚宽 5～6 米、长 30～45 米,棚内做 2 畦,畦上盖地膜,内设小拱棚。

(4)适时移栽、合理密植 移栽时间为 2 月上中旬,离中间沟边 30 厘米,每畦种 1 行,株距 75～80 厘米,每 667 平方米种 280～300 株。

(5)大棚管理 西瓜移栽后大棚内要保温促进缓苗,一般白天 28℃～30℃,晚间 23℃～25℃。阳光强烈棚内温度太高时,应遮荫降温;缓苗后适当降低温度,可用通风来调节,通风从小到大,棚温白天 20℃～25℃,夜间 15℃～20℃,以防徒长。

(6)科学施肥 移栽前结合耙地 667 平方米施腐熟有机肥 2 500 千克、三元复合肥 50 千克作基肥;移栽后,看苗施好 1～2 次追肥,第一批瓜坐稳后,施硫酸钾 10 千克;第二批瓜坐稳后,追第二次肥,施硫酸钾 15 千克。

(7)整枝留瓜 第一季西瓜一般单株留瓜 2 个。当 1 个主蔓 2 个侧蔓留好后开始整枝,去弱留强,每株留 3 条健壮侧蔓,待主蔓长到 13～14 节时选留第一朵健壮雌花坐果,第一个瓜摘后 3～4 天第二朵花坐果。一般每株采摘 2 个瓜,西瓜瓜型大,品质好,产量高。

(8)人工授粉 人工授粉对西瓜结瓜率、产量有较大的影响。一般第一朵雌花始花后,每天早上 6 时 30 分至 9 时人工授粉,一朵雄花可授 4～5 朵雌花。温度低雄花没有花粉时,可采用坐果灵 40～60 倍液点花保果。

(9)病虫害防治 西瓜田间主要病害为枯萎病、炭疽病、疫病、蔓枯病、白粉病,害虫主要为蓟马、蚜虫、美洲斑潜蝇。枯萎病用 70% 敌克松 600～800 倍液灌根,每穴不少于 500 毫升;白粉病用 10% 世高 1 500 倍液或 30% 特富灵可湿性粉剂 2 500 倍液喷雾防治;炭疽病用 75% 百菌清可湿性粉剂 800 倍液或 25% 咪鲜胺乳油 1 000 倍液喷雾防治;疫病用 64% 杀毒矾可湿性粉剂 600 倍液或 80% 大生可湿性粉剂 600～800 倍液喷雾防治;蔓枯病用 43% 好力克悬浮剂 5 000 倍液喷雾防治;蓟马、蚜虫用 10% 吡虫啉可湿性粉剂 2 000 倍液

或10%金世纪可湿性粉剂2 000倍液喷雾防治;美洲斑潜蝇用75%灭蝇胺可湿性粉剂5 000～7 500倍液或1.8%阿维菌素乳油2 500～3 000倍液喷雾防治。

(10)适时采收　第一批瓜坐果后38～40天就可以采摘,第二批瓜坐果后32～35天也可采摘。一般坐瓜节位或邻近节位的卷须呈半枯黄时,果柄的刚毛脱落稀疏,果面光亮、条纹清晰、果肩钝圆带有凹陷为采收标准。第一批瓜于5月10日左右始收,6月10日左右收摘结束;第二批瓜6月底左右收摘结束。

2. 第二季西瓜　品种、种植密度、人工授粉、病虫害防治等主要技术措施与第一季相同,其他主要栽培管理技术如下。

(1)育秧　仍采用苗床营养钵育苗,播种在6月10日左右,秧龄20天。

(2)适时移栽　移栽前清除第一季老藤,留地膜、天膜,于7月1日左右移栽。

(3)施肥　在移栽前掀起地膜,667平方米施高浓度复合肥15～20千克,撒施在畦面上作基肥,施后仍盖好地膜。移栽后7天,施复合肥7.5千克对水浇施。坐果后,施硫酸钾10～15千克,第一批瓜1千克大小时,再追施硫酸钾10千克;第二批瓜坐稳后,施硫酸钾10～15千克,以后看长势适当追施1次复合肥。

(4)整枝留瓜　第二季西瓜单株产2个瓜。每株留3条健壮侧蔓,当1个主蔓2个侧蔓留好后,就开始整枝,去弱留壮,待主茎长到18～20节时选留第一朵健壮雌花坐果,坐果后28～30天就可以采摘第一批瓜,摘后3～4天第二朵花坐果,约30天开始采摘第二批瓜。

(5)采收时间　第一批于8月20日左右开始采摘,9月20日收摘结束;第二批瓜在11月底收摘结束。

(戴村镇孙越信)

十七、设施西瓜长季栽培技术

设施西瓜长季栽培,是一种采用大棚一次栽植、多次采摘的栽培方式。西瓜长季栽培技术难度较大,但由于经济效益较高,全区推广种植面积较大。2007年全区设施长季栽培西瓜面积566.67公顷(8 500多亩)。早春栽培,一般在12月上中旬播种,翌年2月上中旬移栽,10月中下旬终收,全生育期300～320天,第一批瓜在4月中下旬采摘,共采6批瓜左右,采摘期长达

180~200天。一般667平方米产量5 000千克左右,产值8 000元左右,扣除成本获利3 000~4 000元。

(一)瓜地选择

要求选择环境良好、土壤肥沃、排灌通畅的田块。瓜田要求前作为水稻田或3年内无种瓜史的田块。

(二)品种选择

选择抗病虫、易坐果、外观和内在品质好,既耐寒又耐热、生长势旺的小型西瓜品种,如拿比特、早春红玉等,选用进口的F_1代优质种子。

(三)大田准备

晚稻收获后及时灭茬翻耕,开沟起畦,促使土壤熟化。一般棚宽6米,畦长50米左右,也可根据田块(大棚)长度而定。基肥667平方米施腐熟有机肥1 500~2 000千克、过磷酸钙25千克、硫酸钾20千克和硼砂1千克,翻耕入土;在12月中旬至翌年1月上旬大棚搭建后进行第二次翻耕整地,整地后喷施好除草剂,667平方米用33%施田补100毫升对水40~50升喷雾作土壤杂草芽前处理。在移栽前15天盖好棚膜,7天前盖好地膜,以利于提高地温。在盖地膜时应先放好滴灌带,每畦1根(距茎基部30~40厘米)。

(四)适时播种

采用营养钵育苗,选用8厘米×8厘米的营养钵。营养土必须进行培肥堆制,每2 000千克田土加腐熟有机肥200千克和硫酸钾2~2.5千克拌匀,堆制2个月以上。西瓜在12月上中旬播种,采用催芽播种,先用50℃温水浸种10~15分钟,边浸边搅拌,降至常温后,再浸种2~3小时。将浸过的种子捞出沥干,用干净湿棉布包好,置于28℃~30℃条件下保温催芽,待种子胚根长至2~3毫米时播种,1钵1粒,覆土厚度为1厘米左右。育苗钵为大田应植株数的1.2倍左右。播种后把钵体摆放在设有电热线的苗床上,苗床应选择排水良好、背风向阳的地块,床面加盖覆盖物保湿,并用多层薄膜覆盖防冻保暖,必要时采用电热加温,确保快出苗和壮苗早发。苗床温度,出苗前保持25℃~30℃;出苗后揭除覆盖物,并逐步降温至白天25℃、夜间18℃左右;第一片真叶平展时适当升温,保持白天28℃、夜间20℃左右,并改善光照条件;移栽前5~7天逐步通风降温炼苗,并喷1次防病药。

（五）适龄移植

在 2 月上中旬，当瓜苗第二片真叶平展后移栽，移栽时要求地温达到 15℃以上，6 米宽标准棚种 2 畦，每畦种 1 行，株距 35 ～ 40 厘米，667 平方米栽 500 ～ 600 株。移栽时应做到营养钵与土紧密结合，钵面与畦面齐平，移植后浇定根水。移栽后再用小拱棚膜和中拱棚膜覆盖调控棚内温度。

（六）田间管理

1. 温、湿度管理 先用地膜覆盖，移栽后每畦覆盖宽 1.5 米的小拱棚膜（选用宽 2 米、厚 0.014 毫米的膜），在两小拱棚上面离大棚膜 20 厘米处再搭盖内层棚膜（6 米宽标准棚用 4 米宽膜对接），外层大棚膜选用多功能膜，两边接地处用泥压紧。随着气温升高和秧苗的生长，逐渐减少盖膜层数。当气温升到 25℃以上时揭掉内层整棚膜。到瓜蔓伸至小拱棚脚边时，拆除小拱棚。外层膜整季不揭，只是根据气温的高低采用两头开关"大门"而已，终年不受雨水影响。如遇台风或阵风等大风天气时，背风开门，以防吹掉棚膜。缓苗期间控制在白天 28℃ ～ 30℃，夜间 15℃以上，一般不通风；缓苗后适当通风，增加光照；盛花期控制夜间温度在 20℃左右；坐果后防止温度过高，中午适当延长通风时间，白天控制棚内温度在 30℃左右，夜间 20℃。

2. 整枝管理 当瓜苗长到 8 ～ 10 片真叶时摘心，每株留第一支蔓 3 个，选择第二朵雌花结果，坐果节位前的孙蔓及时去掉，坐果节位后的孙蔓适当选留，以备下批坐果；次生蔓要及时修整，留强去弱，叶面积系数前期控制在 2，后期控制在 2.5 左右。当选留节位的雌花开放时，采摘刚开花的雄花进行人工授粉或点涂坐果灵。授粉后做好日期标记，当坐果 15 ～ 20 天时及时翻瓜垫瓜。

3. 肥水管理 在施足基肥的基础上，原则上采取采 1 批瓜、施 1 次肥、灌 1 次水的方式。一般第一批瓜采摘前不必施肥浇水，当每批瓜采摘近尾时，及时追肥浇水，肥料品种选用高浓度含硫三元复合肥，667 平方米用量根据当时的生长势而定，一般施 10 千克左右，采用机动高压滴灌施肥法。复合肥对水后需经过过滤，以防堵塞滴灌孔。追肥间隔期为 1 个月 1 次，共施追肥 5 ～ 6 次。为防止裂果，应在采摘前 7 天控制浇水。为防止后期早衰，可结合病虫害防治施好根外追肥。

4. 病虫害防治 按照预防为主、综合防治的植保方针，掌握以"农业防治为主、化学防治为辅、提倡生物防治和物理防治"的无害化控制原则，严格执行国家农药安全使用标准的有关规定。苗期以防治猝倒病、白粉病、炭疽病为主。猝倒病用64%杀毒矾600倍液或20%好靓可湿性粉剂3 000倍液喷雾防治;白粉病用10%世高水分散粒剂1 500倍液或30%特富灵可湿性粉剂2 500倍液喷雾防治;炭疽病用75%百菌清可湿性粉剂800倍液或25%咪鲜胺乳油1 000倍液喷雾防治。

大田主要病害为枯萎病、炭疽病、疫病、蔓枯病、白粉病,害虫为蓟马、蚜虫、美洲斑潜蝇。枯萎病用70%敌克松600～800倍液灌根,每穴不少于500毫升;炭疽病、白粉病参照苗期防治;疫病用64%杀毒矾可湿性粉剂600倍液或80%大生可湿性粉剂600～800倍液喷雾防治;蔓枯病用43%好力克悬浮剂5 000倍液喷雾防治;蓟马、蚜虫用10%吡虫啉可湿性粉剂2 000倍液或10%金世纪可湿性粉剂2 000倍液喷雾防治;美洲斑潜蝇用75%灭蝇胺可湿性粉剂5 000～7 500倍液或1.8%阿维菌素乳油2 500～3 000倍液喷雾防治。

5. 适时采摘　一般从开花至成熟为30～35天,第一批瓜由于温度低,时间要长一些,在4月中下旬开始采摘,至10月底前采摘完毕,后期生长势强的田块可采摘至11月上旬。全年共产6批瓜,约1个月1批。采摘前结合试样,确定成熟度,然后按授粉标记批次采摘;失去标记的可用目光识别,成熟西瓜的果皮光亮、花纹清晰、果脐凹陷、果蒂处略有收缩、果柄上的茸毛脱落稀疏、结果部位前后节位卷须枯萎。当地销售的采摘成熟度九成以上,远途运销的采摘成熟度为八九成。采摘时用剪刀剪断果柄,果带柄,并用硬箩筐盛放,手势要轻,采用泡沫箱或硬质纸箱装运,以防裂果。

（义蓬镇施伯祥,南阳镇沈海金,义蓬镇方剑飞,）

十八、辣椒—萝卜—甘蓝种植模式

随着农业种植结构的不断调整优化,以蔬菜、瓜果等经济作物为主的种植模式已经在围垦地区普遍推广应用,形成了辣椒—萝卜—春甘蓝比较成功的轮作模式。

（一）经济效益分析

据新湾镇典型种植户调查,辣椒—萝卜—春甘蓝轮作模式3季667平方米产值4 892.7元,扣除3季各类生产成本2 502元,纯利润2 390.7元,其中鲜辣椒平均产量1 513千克,产值1 906.4元;萝卜平均产量4 730千克,产值1 466.3元;春甘蓝平均产量4 000千克,产值1 520元。

（二）主要栽培技术

1. 品种选择 辣椒选择优质、高产、耐贮运、晒干率高、商品性好,适合鲜销、加工的地方品种笔干种;萝卜选择花菜萝卜或一刀种萝卜;甘蓝选择冬性强、高产、抗病的胡月、冠王、春风、满风等品种。

2. 茬口安排 辣椒于2月上旬播种,4月中旬移栽,6～8月份采收;萝卜于8月下旬至9月上旬播种,11月下旬至12月上旬采收;春甘蓝于10月上中旬至11月初播种,12月中下旬移栽,翌年3～4月份采收。

3. 主要技术

（1）播种育苗 辣椒于2月上旬采用小拱棚育苗,大田667平方米用种50克,需苗床25平方米。播种前将种子在太阳下晒2天,再用1%高锰酸钾溶液浸种10分钟或把种子放入55℃的温水中进行搅拌浸种15分钟,捞出后放入清水中浸泡4～5小时,洗掉种子表皮的黏液,置于28℃～30℃环境下催芽,当70%左右发芽时即可播种。萝卜于8月下旬至9月上旬播种,一般采用条播,条距25厘米,定苗间距15～20厘米。甘蓝于10月上中旬至11月初地膜或小拱棚育苗,667平方米用种50克,播后覆细沙土0.5厘米,然后覆盖塑料薄膜。

（2）整地施肥 辣椒在移栽前15天,每667平方米施腐熟有机肥2 000千克,高浓度复合肥25千克,深翻后整地做畦,畦宽1.3米(连沟)。萝卜播前也要进行土地深翻,并施足基肥,施肥量因土壤肥力而定,掌握"基肥为主,追肥为辅"的原则,整地时先施入占总施肥量70%的肥料作基肥,施后耕翻入土,切勿使用未腐熟的有机肥,畦宽(连沟)1.3米。春甘蓝生长期较长,属春化作物,为防止秧苗过大,提早通过春化阶段、提前抽薹,故基肥要足,苗期要控,一般667平方米施有机肥2 000千克作基肥。

（3）定植 辣椒于4月中旬10厘米地温稳定在15℃时,选择晴稳天气定植,定植前2～3天浇足底水。每畦种2行,株距22～23厘米,栽苗深度以不埋没子叶为准,667平方米栽4 500株左右。春甘蓝苗有6～7片真叶时及时定植,并根据品种、株型的大小确定行距,一般每畦种3行,株距35～45厘米,667平方米栽3 500～4 500株。

（4）田间管理 辣椒不耐涝,土壤含水量要保持在田间持水量的55%左右,根据土壤墒情及时浇水。5月中下旬雨季来临前,做好清沟排水和培土工作,以防田间积水。6月上旬用树杆或竹竿做支柱,用布条等材料拉线,以防辣椒倒伏。定植活棵后,667平方米施10千克硫酸钾提苗,盛果期每采收2～

3 次追 1 次肥,施硫酸钾 10～15 千克,并及时摘除老叶、老枝,加强通风透光,以提高辣椒的产量。

萝卜要及时间苗定苗和中耕除草。当有 2～3 片真叶时,开始第一次间苗;5～6 片真叶时进行定苗,定苗距离为 15～20 厘米,可结合间苗进行中耕除草。萝卜生长前期土壤适当控水,有利于根的生长,防止茎叶徒长;至肉质根开始膨大以后,必须充分供应水分,保持土壤湿润,以防肉质根开裂、空心。追肥在萝卜盛长前分次施用,掌握"破心追轻、破白追重"原则,第一、第二次为定根肥,在每次间苗后施,每次 667 平方米施尿素 5～7 千克;在萝卜破肚后施 1 次重肥,施三元复合肥 10～15 千克;在萝卜生长旺期施三元复合肥 15 千克左右。

春甘蓝定植后,在开春前适当控制肥水,防止越冬期间植株过大而通过春化阶段,但可适当增施磷肥,以促进根系生长。开春后要加强肥水管理,及时追肥,促进植株生长,一般 667 平方米施尿素 8～10 千克;在莲座期和结球初期重施速效肥,施尿素 10～15 千克,以加速叶丛生长,促进结球。

(5)病虫草害防治 按照"预防为主,综合防治"的植保方针,综合运用农业防治、物理防治、生物防治和化学防治的策略,形式多样地开展病虫草害综合防治工作。一是做好农业生物防治。要求前作为非茄果类作物,同时做好田园清洁工作,开展中耕除草,并在生长中后期及时进行追肥,以提高抗病能力;播种前进行晒种,利用太阳能高温消毒、温水浸种等方式杀灭病虫害;应用性诱剂、频振式杀虫灯等诱杀害虫,减少农药的使用量;应用生物制剂,防治病虫害。二是开展化学防治。提倡使用高效低毒农药,严格禁止使用高毒、高残留农药,并严格控制用药次数和用药量,注意安全间隔期。

辣椒在移栽前每 667 平方米用 33% 二甲戊乐灵 100 毫升对水 40 升喷雾除草;蚜虫用 3% 啶虫脒乳油 2 500 倍液喷雾防治;红蜘蛛用 15% 哒螨灵 2 000 倍液喷雾防治;棉铃虫、玉米螟采用 24% 美满 2 500 倍液或 5% 抑太保 1 000 倍液喷雾防治;炭疽病用 70% 甲基托布津可湿性粉剂 1 000 倍液喷雾防治;病毒病在防治蚜虫的基础上用植病灵 1 500 倍液喷雾防治;枯萎病用 15% 恶霉灵水剂 3 000 倍液浇根;青枯病用 20% 龙克菌悬浮剂 500 倍液或 72% 农用链霉素 3 000 倍液防治。

萝卜常见的害虫有黄条跳甲、小菜蛾、菜螟、菜青虫和蚜虫等,可用 5% 锐劲特悬浮剂 2 500 倍液,或 2.5% 菜喜悬浮剂 1 000 倍液,或 20% 绿得福微乳剂 800 倍液喷雾防治,防治黄甲跳虫注意喷叶与浇根相结合,同时杀灭成虫和若虫。

甘蓝要特别注意小菜蛾的防治,可选用1%阿维菌素、15%安打、2.5%菜喜等低残留农药。在防治时要掌握虫情,适时防治,以早晨和傍晚防治为主。

(新湾镇童文君、孙关兴)

十九、设施瓜类——多季芹菜高效种植技术

从2002年开始,益农镇三围村借鉴外地发展大棚蔬菜经验,大力发展设施蔬菜种植,瓜菜等多季种植不断扩大,通过多年的摸索实践,设施瓜类(南瓜、西瓜)——多季芹菜一年多茬高效种植模式已发展到100公顷(1 500亩)左右。该种植模式中,南瓜于12月上中旬播种,翌年1月上中旬移栽,3月上旬至5月中下旬采收,667平方米产量3 600千克,产值5 760元;西瓜于12月下中旬至翌年1月上旬播种,2月上中旬移栽,5月上旬至7月上中旬采收,667平方米产量3 200千克,产值11 200元;夏芹于4月上旬播种,5月下旬至6月初移栽,7月上中旬采收,667平方米产量3 500千克,产值4 900元;秋芹于6月上中旬播种,7月中下旬移栽,9月上旬采收,667平方米产量3 600千克,产值7 700元;冬芹于8月上旬播种,9月下旬移栽,12月上旬采收,667平方米产量5 000千克,产值6 000元。前作为南瓜的,667平方米总产值24 360元,扣除各种成本7 324元,纯利润17 036元。前作为西瓜的,减少1季夏芹,667平方米总产值24 900元,扣除成本,纯利润17 576元。该种植模式已成为杭州地区设施蔬菜高效种植的典型。

(一)南瓜栽培技术

1. 选用良种 选择早熟、耐低温、抗病性好、产量高、品质好的品种,如日本锦栗南瓜、甘栗南瓜等。

2. 播种育苗 种子播前先用清水浸种2～3小时,捞出后用湿纱布包好放于25℃～30℃的温度条件下催芽1～2天,待种子露白后,在已准备好的营养钵内直接播种,上面再盖细土,出苗前苗床温度保持在25℃～30℃,如温度达不到要求可用电热线加温,到出苗后温度降至白天20℃～25℃、夜间15℃左右,以防徒长。

3. 整地做畦 移栽前先施足施好基肥,每667平方米施腐熟有机肥3 000千克,高浓度复合肥50千克。用小型拖拉机旋耕后耕平做畦,标准棚(6米宽)做畦4条,畦宽(连沟)1.3～1.4米,高25～30厘米,盖上地膜,以提高土壤温度。

4. 及时移栽 移栽前 5 ~ 7 天进行低温炼苗。选择在晴稳天气移栽,每畦栽 1 行,株距 40 ~ 45 厘米,每 667 平方米栽苗 900 ~ 1 000 株。栽后及时搭小拱棚。

5. 田间管理

(1)温度管理 移栽后以保温为主,白天温度 25℃ ~ 30℃、夜间 20℃ ~ 25℃,促进缓苗,缓苗前不通风;缓苗后适当降低温度,一般白天 20℃ ~ 25℃、夜间 15℃ ~ 20℃,以防徒长。栽培过程中采用多层覆盖,做好防冻保暖工作,同时视植株长势及棚内温度及时揭盖薄膜。搭架前除去小棚膜,到 4 月下旬揭除大棚边膜。

(2)肥水管理 移栽成活后施 1 次肥,667 平方米施尿素 5 千克;第一批瓜坐果后,施硫酸钾 15 千克;当南瓜长至拳头大小时追施硫酸钾 10 ~ 15 千克;以后当第三、第四批瓜坐果后再追施 1 次,施硫酸钾 10 ~ 15 千克,防止早衰,保证果实发育的养分供应。日本南瓜较耐旱,根据土壤墒情,结合施肥浇灌 1 ~ 2 次,有条件的种植户可采用滴灌进行施肥浇水。

(3)搭架绑蔓 当主蔓长 20 ~ 30 厘米时搭"圆拱棚",并及时引蔓上架。以后每 2 ~ 3 天绑蔓 1 次,要留好主蔓,整掉次蔓。进入采摘期后及时摘除病叶和下部老叶,以利于通风透光。

(4)人工点花 南瓜进入初花前期,基本上以雌花为主,雄花极少。需要人工点花,用坐果灵稀释至 40 ~ 60 倍液(气温低时浓度高、气温高时浓度低)在每天的上午 9 时以前点花,以提高坐果率。

6. 病虫害防治

(1)做好农业防治 加强田间管理,及时整枝摘叶,调节藤叶布局,改善通风透光;清除病叶、病株、老叶并深埋或烧毁,杜绝病菌传播;控氮增钾,增强植株抗病能力。

(2)做好化学防治 白粉病用 40% 福星乳油 800 倍液或 15% 三唑酮可湿性粉剂 1 500 倍液喷雾防治;霜霉病用 72% 克露可湿性粉剂 800 倍液或 64% 杀毒矾可湿性粉剂 1 000 倍液喷雾防治;灰霉病用 50% 速克灵可湿性粉剂 1 500 倍液或 40% 施佳乐悬浮剂 800 倍液喷雾防治;蚜虫用 10% 吡虫啉可湿性粉剂 2 000 倍液或 3% 啶虫脒乳油 2 000 倍液喷雾防治;红蜘蛛用 0.6% 阿维菌素乳油 2 000 倍液或 73% 克螨特乳油 2 500 倍液喷雾防治。

(二)西瓜栽培技术

1. 选用良种 西瓜选用早春红玉、拿比特、早佳84-24 等。

2. 瓜田准备 选择前作种植晚稻的田块,并在晚稻收获后及时深耕,结合机耕每667平方米施入腐熟鸭粪1 000千克或猪粪3 000千克,高浓度复合肥50千克,过磷酸钙30千克,硫酸钾20千克。于12月中旬搭建好大棚,棚宽6米,棚长以45米为宜,大棚材料可采用毛竹或钢管。大棚搭好后开沟起畦,每棚做2畦。

3. 播种育苗

（1）苗床准备 播前15天进行苗床消毒,上铺电热线,把装好营养土（70%菜园土、29.5%畜粪、0.5%复合肥或过磷酸钙拌匀,12月份前堆制腐熟）的营养钵放到电热线上待播。

（2）种子处理 选晴天晒种1~2天,将完整无损的种子在55℃温水中浸种20~30秒,然后在常温下浸2~4小时,隔1~2小时搅动、换水;或在50%多菌灵500倍液中浸种1~2小时,药剂处理后立即用清水充分洗净。浸种完毕,擦去种子表面黏液,冲洗干净,沥干水分,用湿布包好,置28℃~32℃催芽,等种子胚根1毫米,分次拣出,在常温下炼芽12~18小时。

（3）适时播种 在12月下旬至翌年1月上旬,选择晴天午后播种,1钵1粒种子,覆盖0.5厘米厚营养土,喷湿。播种完毕,钵上平铺地膜,搭建宽1~1.2米、高0.8米的小拱棚,盖好薄膜,加盖覆盖物,密闭大棚。棚温保持白天25℃,夜温16℃以上。

（4）温度管理 当种苗破土达25%~30%时,揭去平铺地膜。晴天或多云天气,日出后棚温达到20℃以上,揭去小棚膜;阴雨天无日照天气,棚温不低于15℃,在中午至下午2时,揭去小棚膜,但大棚不能通风。夜间温度过低,采用电热线加温或覆盖保暖物在拱棚上。营养钵表土以干为主,尽量不要浇水,以免降低地温,影响根系发育。移栽前5~7天通风炼苗,选择晴暖天气施1次氮肥,喷1次防病药剂,然后揭除覆盖物和薄膜,增加通风量,降低温度。炼苗期间,如有刮风、下雨、寒流等不利天气,应加盖覆盖物。

4. 适时移栽

（1）移栽前准备 前作收获后浇水闷棚15~30天,然后放水晒白、待耕。结合深翻667平方米施有机肥1 500千克、高浓度复合肥30千克、过磷酸钙25千克、硫酸钾15千克。深翻后做平畦,畦宽6米,中间开操作沟,沟宽30厘米、深15厘米,成2畦种植,四周排水沟深60~80厘米、宽30~50厘米。平畦两边各留25~30厘米压膜,搭建高1.8~2.3米、跨度5.5~6.5米的大棚,覆盖0.6~0.8毫米的无滴膜。移栽前7天,每条畦铺滴管1~2根,然后覆盖0.14毫米的地膜;移栽前在大棚内搭建高1.4~1.5米、跨度5~6米的中棚,覆盖 0.14~0.25 毫米的膜;移栽后,按种植畦搭建高 0.8 米、跨度 1~1.2 米的小拱棚,然后覆盖 0.14 毫米的地膜。

(2)适龄移栽 在 1 月下旬至 2 月上中旬,当瓜苗 2 叶 1 心至 3 叶 1 心时移栽。移栽时,要求棚内地温 10℃以上,气温 20℃以上。

(3)移栽密度 每畦种 1 行,移栽穴在畦中央,让藤蔓往两边爬,行、株距为 2.5~3 米×0.8~1 米,每 667 平方米密度 270 株左右。

5. 田间管理

(1)温度管理 栽后以保温为主,密闭大棚,保持小拱棚内温度 30℃~35℃;缓苗后,棚温 20℃以上,揭去小棚膜;棚温超过 30℃,在大棚的背风处通风降温;棚温超过 35℃时,应掌握逐步降温,防止降温过快造成伤苗,下午棚温 30℃左右时关闭通风口。阴天和夜间仍以覆盖保温为主。当棚内夜温稳定在 15℃以上可揭去小拱棚。结果期白天温度保持 30℃,夜间不低于 15℃,否则坐果不良。

(2)及时整枝 当瓜苗长到 9~10 片真叶时要摘心,每株苗留 3 个强壮侧蔓,再生支蔓要及时修整,留强去弱,保证主蔓,确保结有效瓜。

(3)肥水管理 在移栽后 3 天,每株滴磷酸二氢钾 300 倍液加 250 倍尿素液 250 毫升,或叶面喷施绿芬威 2 号 1 000 倍液;缓苗后 7 天施 1 次氮肥,每 667 平方米 5 千克尿素,促发侧枝;幼瓜鸡蛋大时施膨瓜肥,施高浓度复合肥 10 千克、硫酸钾 5 千克,以后每隔 7~10 天施 1 次;盛果期可根据植株生长情况,用磷酸二氢钾 500 倍液或雷力 1 000 叶面喷肥 1~2 次。

(4)点花授粉 当选留节位上的雌花开放时,采摘刚开花的雄花进行人工授粉或采用坐果灵点花保果。点花一般要求在上午 8 时 30 分至 10 时进行。

6. 病虫害防治 西瓜病害以炭疽病、灰霉病、白粉病、细菌性角斑病为主,虫害以烟粉虱、蚜虫、甜菜夜蛾为主。加强农业防治,即加强整枝修剪,摘除老叶,加强棚内温、湿度控制。在药剂防治上,视病虫害发生趋势,分别采用甲基托布津、百菌清、龙克菌、代森锰锌、大生、吡虫啉、锐劲特、美满等低毒残留农药进行防治,并做到安全间隔期,确保产品安全。

7. 适时采摘 一般从开花坐果至成熟需 30~33 天。收第一批瓜需 35~38 天。在 4 月底至 5 月初开始收摘第一批瓜,到 7 月底共收 3 批瓜。

(三)芹菜栽培技术

1. 选用良种 夏、秋芹选用耐热性好的台湾黄心芹,冬芹选用耐寒性强

的上海玉芹、上农玉芹。

2. 播种育苗 播种采用直接播种或浸种催芽播种,667平方米播种量 80~150克。5月底至9月初播种的芹菜,要进行催芽,先将种子在清水中浸 12~14小时,再置于15℃~20℃下催芽,待有60%左右种子出芽后撒播。播 后畦面覆盖2~3层遮阳网,出苗后将遮阳网改为小拱棚,注意晚揭早盖。高 温干旱时及时灌水。

3. 整地做畦 播种前每标准棚(6米宽)做畦2条,畦宽(连沟)2.6~2.8 米,高25~30厘米,667平方米施高浓度复合肥30~40千克翻耕入土。

4. 及时移栽 芹菜秧苗到8~10厘米、5~6片真叶时,选择在晴天移栽, 株、行距均为7~8厘米,每穴栽1株。移栽前1天,苗床浇透水便于起苗。 夏、秋芹移栽后棚顶盖遮阳网降温,冬芹移栽后覆盖薄膜保温。

5. 田间管理

(1)温度管理 秋芹在移栽时棚面覆盖薄膜,防止雨淋,上面再盖上遮阳 网,降温保湿;冬芹移栽后温度偏低,及时覆盖大棚膜升温促生长。

(2)肥水管理 移栽后5~7天每667平方米施复合肥7.5~10千克;芹 菜叶直立时,施复合肥10~15千克;以后视长势情况,喷0.2%磷酸二氢钾溶 液进行叶面追肥。芹菜生长需水量较大,缓苗后至旺长期在傍晚需3~4天浇 1次水,以后视土地墒情适当浇水,促进生长。

6. 病虫害防治 在综合运用农业防治、物理防治、生物防治的基础上,适 当做好化学防治工作。

(1)农业与生物物理防治 一是利用季节间隙,用浇满水的方法浸泡土 壤7~10天,排水2~3次,晾干后翻耕种植;二是在棚内种晚稻,在夏季芹菜 收获后直播晚稻,实行水旱轮作效果较好;三是换地轮作,芹菜连栽多年后,需 换地轮作,减轻病害的发生;四是播前进行种子消毒,采收后清洁田园,并进行 浇水消毒。

(2)化学防治 软腐病用72%农用链霉素可溶性粉剂4 000倍液或5% 井冈霉素水剂800~1 000倍液防治,重点喷叶柄基部;斑枯病用50%多菌灵 可湿性粉剂800倍液喷雾防治;蚜虫用10%吡虫啉可湿性粉剂2 000倍液喷 雾防治;斜纹夜蛾用5%卡死克乳油2 000~2 500倍液,或奥绿一号悬浮剂 800~1 000倍液,或15%安打悬浮剂3 000倍液喷雾防治。收获前10天停止 用药。

(益农镇肖关林、金明建)

二十、冬萝卜—春萝卜—胡瓜/豇豆种植模式

近年来,南阳镇农户不断探索尝试用新的种植模式,以提高土地利用率和经济效益。2005～2006 年,在南阳镇 3 467 公顷(5.2 万亩)围垦地区,蔡孝先承包户示范了冬萝卜—春萝卜—胡瓜/豇豆一年四熟种植模式,并与胡瓜—长豇豆—冬萝卜、鲜食大豆—大葱、花生—萝卜、越瓜—萝卜等种植模式进行比较,冬萝卜—春萝卜—胡瓜/豇豆种植模式经济效益更好,2 年平均 667 平方米产萝卜 9 138 千克,胡瓜 5 100 千克,鲜豇豆 1 538 千克;年平均产值 7 256 元,净收益 3 563 元。

(一)品种选择

萝卜选用日本 T-734、秋盛、韩国 906 和 606、白玉春等,胡瓜选用日本节成、四叶等,豇豆选用之江 28-2、翠蝶 3 号等。

(二)茬口安排

1. 冬萝卜 于 9 月上旬在施足基肥的基础上,用大型机械深翻,平整做畦,畦宽 92～93 厘米、沟 25 厘米,萝卜穴播,每畦 2 行,穴距 23～25 厘米,667 平方米播种量 100 克,5 000～6 000 穴,11 月下旬开始收获。

2. 春萝卜 冬萝卜收获后破畦换沟,即将原畦沟改成畦面,畦宽 100 厘米或 190 厘米(连沟),1 月底至 2 月初,在留足胡瓜大田移栽空间后,点播春萝卜,畦宽 100 厘米的播 1 行、畦宽 190 厘米播 2 行,穴距 20 厘米,667 平方米播种量 50 克。采用地膜小拱棚覆盖,出苗后破膜,4 月上旬收获。

3. 胡瓜 3 月中下旬用拱棚营养钵育苗,苗床要选择肥沃的土壤,在苗龄 25～30 天、叶龄 3～4 叶时抢晴天移栽,栽于萝卜空行中,每 667 平方米 2 000 株左右。移栽后及时用小竹竿撑好胡瓜棚架。5 月中下旬开始收摘。

4. 豇豆 利用前作胡瓜棚架,于 6 月下旬至 7 月初播种,穴播,每穴 5～6 株,播种量每 667 平方米 0.8～1 千克,密度同前作胡瓜,8 月初至 9 月初收摘,农户可根据市场行情自主选择采摘鲜食或养老留种。

(三)施 肥

冬萝卜播种前每 667 平方米施碳酸氢铵 50 千克、过磷酸钙 25 千克、硼砂 0.5～1 千克作基肥,用高浓度复合肥 15 千克作盖籽肥;萝卜小破肚时施尿素

5~7千克;进入莲座期施尿素、硫酸钾各 5 千克;萝卜肉质根生长盛期,施高浓度复合肥 15 千克;萝卜露肩时,施高浓度复合肥 10 千克。春萝卜施肥方法基本同冬萝卜,只是追肥次数由 4 次减少到 2 次。

胡瓜在移栽前 15 天 667 平方米施猪粪等土杂肥 2 000 千克及碳酸氢铵 50 千克、过磷酸钙 25 千克作基肥;移栽成活后,施高浓度复合肥 15 千克;当第一批瓜坐果后施第二次追肥,用尿素 10 千克,施后培土;此后每隔 5~7 天施 1 次高浓度复合肥,每次用量 10 千克。

豇豆因前作施肥量较多,套种时不施基肥,只在抽蔓时 667 平方米施高浓度复合肥 30 千克作追肥;此后每隔 10 天施 1 次肥,施高浓度复合肥 10~15 千克,施后培土。

(四)田间管理

萝卜出苗后要及时间苗、定苗。胡瓜重点是排除沟内积水,当瓜苗长至 30 厘米左右时搭好"人"字形架,并及时绑蔓上架;选择晴天摘除第五节以下的雌花、雄花和侧蔓;第五节以上抽生的侧蔓,结 2 条瓜后,在瓜前留 2~4 叶摘心;第 10 节以上侧蔓可任其生长,主蔓 20~25 个节后及时打顶,促进生回头瓜。豇豆苗期保好苗,中期防长势过旺,后期防早衰,豆蔓爬到瓜顶时,清晨用竹竿打头,促进后期产量,分批采摘提高单产。

(五)病虫草害防治

冬萝卜播前,用高效低毒农药护地净和密达等消灭蝼蛄、蜗牛等地下害虫;667 平方米用 60% 丁草胺 100 克对水 30 升喷雾,封杀芽前杂草;出苗后注意防治菜青虫和蚜虫,分别用 5% 锐劲特悬浮剂 2 500 倍液或 10% 金世纪可湿性粉剂 2 000 倍液喷雾防治。胡瓜移栽前用丁草胺封杀杂草,苗期以防疫病、猝倒病、立枯病为主,生长期以防霜霉病、白粉病、细菌性角斑病、疫病等为主,根据病情分别用克露、多菌灵、甲基托布津、农用链霉素等喷雾防治。豇豆以豆野螟、斜纹夜蛾、甜菜夜蛾等虫害为主,可用 5% 锐劲特悬浮剂 2 500 倍液、20% 绿得福微乳剂 800 倍液、50% 抑太保乳油 1 500 倍液、24% 美满悬浮剂 3 000 倍液、10% 除尽悬浮剂 2 000 倍液喷雾防治。

(南阳镇黄水木)

二十一、胡瓜/豇豆—芜菁栽培技术

近年来,随着农业产业结构的调整和都市现代农业的发展,第二农垦场广大承包户积极转变传统观念,结合农场实际,摸索出了很多适宜于农场效益农业发展的蔬菜高效种植模式,其中胡瓜/豇豆—芜菁(洋大头菜)种植模式就是较为理想的一种。在 2002 年小面积试种的基础上,2006 年全场已扩大到66.67 公顷(1 000 多亩),年产值达 390 多万元,获利近 200 万元,创造了较好的经济、社会、生态效益。

(一)效益分析

据示范点调查,第一季日本胡瓜平均 667 平方米产量 5 200 千克,产值1 768 元,成本 1 128 元,纯利润 640 元;第二季豇豆平均 667 平方米产量 1 100千克,产值 924 元,成本 444 元,纯利润 480 元;第三季芜菁平均 667 平方米产量 5 500 千克,产值 1 210 元,成本 370 元,纯利润 840 元。全年 3 季作物平均667 平方米产量 11 800 千克,平均产值 3 902 元,成本 1 942 元,纯利润 1 960元。

(二)茬口安排

1. 第一季胡瓜 品种选用夏秋四叶或节成系列,于 3 月下旬用小拱棚盖膜育秧,4 月下旬移栽,5 月中旬搭棚,6 月初采收,采收期 60 ~ 70 天,全生育期 100 天左右。

2. 第二季豇豆 品种选用之江 282,于 7 月初免耕套播,8 月初开始采收,采摘期 30 天左右。

3. 第三季芜菁 以本地品种为主,于 8 月中旬播种育苗,9 月中旬移种,翌年 2 月底收割,全生育期 180 天左右。

(三)主要栽培技术

1. 胡 瓜

(1)播前准备 选择地势高燥、排水良好、环境清洁、水源无污染、3 年未种过同科蔬菜的耕地做苗床。营养土选用菜园土 70%、腐熟厩肥 29.5%、高浓度复合肥 0.5%,并用 20%百菌清烟剂密封熏蒸消毒。播前整好苗床,浇足底水,播后覆盖营养土,以盖没种子为度,然后覆盖一层地膜,搭小拱棚密封。

（2）苗床管理　出苗前，密闭苗床，白天床温保持 28℃～30℃，夜间不低于 20℃；出苗后，白天床温控制在 20℃～25℃，夜间不低于 15℃，空气相对湿度 65% 左右，保持床土不发白，幼苗叶缘无水珠，子叶平展。苗期加强通风透光，如遇雨天，也要在床缘处开洞通风。苗期病虫害以预防为主。病害可用 75% 百菌清可湿性粉剂 800 倍液或 70% 代森锰锌可湿性粉剂 800 倍液等药剂交替喷雾防治，每隔 7～10 天施药 1 次；苗期有蚜虫为害时，可用 10%一遍净可湿性粉剂 3 000 倍液喷雾防治。移栽前 1 周进行炼苗，通风由小到大，直至日夜揭膜。

（3）适时移栽　移栽前 15～20 天，整地做畦，畦宽 2.2 米或 1.1 米，整地时开腰沟，沟宽 50 厘米、深 40 厘米，同时挖深围沟，沟宽 40 厘米、深 40 厘米。结合整地施好基肥，每 667 平方米施腐熟厩肥 2 000 千克、高浓度复合肥 20 千克，开沟深施。在秧苗 3 片真叶时，秧龄 25～30 天开始移栽，种植密度，畦宽 1.1 米的每畦种 1 行，畦宽 2.2 米的每畦种 2 行；株距均为 27 厘米。每 667 平方米种植 1 700～2 000 株，种前铺地膜，后用制钵机打洞种植，种后洞口用泥封牢。

（4）大田管理　当主茎长 20 厘米时开始搭架，搭"人"字形架或直立式架。搭"人"字形架时，相邻两畦竹竿对跨畦沟搭成，要求龙骨与沟底垂直距离为 1.8 米。当蔓长达 30 厘米时，进行引蔓上架，每隔 2～3 天吊蔓 1 次，主蔓到 25 节左右时及时打顶。移栽后，每 667 平方米追肥 5% 腐熟人粪尿 300 千克（穴浇）作缓苗肥；5～6 叶时，施 20% 腐熟粪 500 千克或尿素 3～5 千克；待第一批瓜采收后，每隔 1 周施 1 次追肥，施高浓度复合肥 10 千克；盛果期除根系施肥外，每周叶面喷施 1 次 0.2%～0.3% 尿素加 0.2% 磷酸二氢钾溶液。雨季要及时疏理沟渠，做到雨停沟干，高温干旱时于傍晚沟浇"跑马水"。

（5）病虫草害防治　以农业防治为主，提倡水旱轮作，避免与葫芦科作物连作，加强栽培管理，清洁田间杂草和枯残枝叶等农艺措施；化学防治为辅，害虫应早防早治。胡瓜病害主要有苗期的猝倒病、立枯病，初花期的霜霉病、疫病，盛果期的细菌性角斑病、白粉病、猝倒病。立枯病可用 75% 百菌清可湿性粉剂 800 倍液或 72% 普力克水剂 600～800 倍液防治；霜霉病、疫病可用 72% 杜邦克露可湿性粉剂 800 倍液或 50% 甲霜灵可湿性粉剂 1 000 倍液防治；细菌性角斑病可用 72% 农用链霉素可溶性粉剂 4 500 倍液或 8% 可杀得 2 000 干悬浮剂 1 000 倍液防治；白粉病可用 20% 粉锈宁可湿性粉剂 3 000 倍液或 62.2% 仙生 600 倍液防治。害虫主要有苗期的蜗牛、小地老虎和蝼蛄，苗期初花期的红蜘蛛、蚜虫、蓟马和潜叶蝇等，蜗牛可用 6% 密达颗粒剂 0.5 千克撒施防治,小地老虎和蝼蛄可用90%晶体敌百虫100克与菜饼混合成毒饵或48%乐斯本1000倍液喷雾防治,红蜘蛛可用72%克螨特2500倍液防治,蚜虫、蓟马可用10%一遍净3000倍液防治,潜叶蝇可用0.6%阿维菌素2000倍液防治。

地膜覆盖前667平方米用48%氟乐灵乳油400倍液进行土壤处理除草,大田杂草防除采用以手工拔除为主,化学防除辅之,切忌在胡瓜田四周喷施其他除草剂。

(6)适时采收　于6月初开始采收,6月底至7月初采收结束。初果期1日采收1次,盛果期早、晚各采收1次。采收标准夏秋系列瓜长30~35厘米,节成系列长16~20厘米,直径均为2~3厘米,瓜条弯度不超过2°、粗细均匀、色泽翠绿、无畸形、虫蛀、病斑瓜。

2. 豇豆、芜菁

(1)及时套种　豇豆于7月初免耕套播,采用穴播,每穴3~4粒,1.1米畦播1行,2.2米畦播2行,密度同胡瓜,667平方米用种量1.5千克,瓜豆共生期10天左右;芜菁于8月中旬播种育苗,667平方米播种量400克,等幼苗展开子叶时,间苗1次,当幼苗5~6片真叶时,抢晴天移栽,移栽密度每667平方米7000株左右。

(2)科学施肥　豇豆幼苗出土时,施好苗肥,667平方米用高浓度复合肥10千克;重施盛果肥,每隔7~10天施1次,每次施高浓度复合肥10千克,并及时间苗吊藤。芜菁在移栽前10天开好槽,施好基肥,667平方米用碳酸氢铵30千克、过磷酸钙30千克、钾肥10千克拌匀后撒施;追肥用尿素40千克,分2次撒施。

(3)合理用药　豇豆主要害虫有甜菜夜蛾、斜纹夜蛾、豆荚螟、蚜虫等,甜菜夜蛾、斜纹夜蛾可用24%美满2000~2500倍液或奥绿一号800~1000倍液等防治,豆荚螟可用5%锐劲特悬浮剂1500倍液或20%绿得福微乳剂800倍液等防治;要在早上或傍晚喷药,既要喷植株上的花,又要喷落地的花。芜菁主要害虫有蚜虫、斜纹夜蛾等,防治农药同上。

(4)清沟排水　必须认真抓好清沟排水,做到雨停水干,促进壮苗早发。

(5)适时采收　根据市场需求及时适时采收。豇豆于8月初开始采摘,至9月初结束,标准按市场需求掌握粗细适时采收;芜菁掌握标准为每个重量在1千克以上时采收,一般在翌年2月底收割。

(第二农垦场华成华、鲍传林)

二十二、大棚甜椒—叶菜—花菜连作栽培技术

义蓬镇长红村是萧山区放心菜生产基地,其盛产的甜椒、花菜特色鲜明,深受市场欢迎,其推广的主要种植模式为甜椒—叶菜—花菜,连年丰收,667平方米产值多年保持在7 000元左右,效益十分显著。

(一)甜 椒

1. 选用良种 以中椒5号为主打品种,该品种耐寒、抗逆性强,中熟,丰产性好,果大肉厚,市场口碑极佳。

2. 适时播种 在10月中旬精心整地播种,播前做好土壤消毒和地下害虫防治,出苗后及时间苗定苗,当早、晚最低气温接近15℃时,盖膜保温护苗。

3. 移苗上钵 当甜椒秧苗2~3叶时,将小苗移入直径8厘米的营养钵内。营养土要事先用腐熟的有机肥堆制,土肥比7∶3。甜椒育苗正值三九寒天,必须采用大、中、小棚多层薄膜保护,使棚内秧苗有足够的温度供其生长发育,期间通过移动营养钵来防止秧苗因生长拥挤而徒长。营养钵土转白时要浇透水。其间主要是温度的管理,移苗后保温,一般白天25℃~30℃、夜间20℃~25℃;秧苗成活后逐步降温以防徒长,一般白天20℃~25℃、夜间15℃~20℃;天气较寒冷时可采用电热线加热;移栽前降温炼苗,以适应新的环境。

4. 田间管理

(1)大田准备 1月下旬至2月上中旬,结合深翻667平方米施腐熟有机肥2 000~2 500千克,3月初搭建好大棚,开沟做畦,6米棚做4畦,平整畦面,667平方米施高浓度复合肥40千克。

(2)合理密植 3月中下旬选择晴稳天气及时移种,每畦种2行,株距35~40厘米,667平方米栽2 000株左右。

(3)巧施追肥 移栽后3天左右667平方米施1%复合肥液400~500千克点根缓苗;坐果后施1次催果肥,施高浓度复合肥10千克;进入旺果期施追肥2~3次,每次施高浓度复合肥10~15千克;后期可结合病虫害防治进行根外追肥,进一步提高果实品质。

(4)揭膜通风 根据植株生长情况和天气、温度变化进行揭膜通风,通风从小到大,外界气温稳定在15℃以上时可揭去裙膜。

(5)及时采收 第一批果生育阶段因温度低,挂果期长,在4月下旬须抢早采收,努力争取早上市,并为第二批果快速生长、三批果花芽分化创造条件。在 6 月下旬及时喷雾 30 毫克/升赤霉素,力争最后批次果实个体生长均匀整齐。

(6)病虫害防治 甜椒病害主要是苗期的立枯病、病毒病和结果期的灰霉病、疫病等;害虫主要有蚜虫、烟粉虱、蓟马、茶黄螨、玉米螟、棉铃虫等。选用符合无公害蔬菜要求的对口高效低毒、低残留农药及时防治。

(二)叶 菜

1. 品种安排 叶菜品种主要为早熟 5 号。

2. 浇水消毒 甜椒收获后,利用大棚浇水消毒。甜椒秸秆清理后,在畦表面每 667 平方米撒施碳酸氢铵 50 千克、过磷酸钙 25 千克,然后将水浇至畦面,浇 7~10 天。通过浇水压盐,消除地下害虫,消毒杀菌,调节土壤 pH 值,促进下季作物健壮生长。

3. 避雨栽培 叶菜播种正值酷暑,又多暴雨和台风天气,对此必须利用大棚顶膜进行保护性栽培,既可避免强光直射,又能有效防止暴雨等突发性灾害天气,确保一播全苗。

4. 及时施肥 小白菜栽培结合整地 667 平方米施尿素 10 千克,撒播、稀播,边间苗边采收。一般采收 1 次,施 1 次肥,以尿素为主。

5. 病虫害防治 高温时节叶菜生长迅速,害虫猖獗,为确保安全,力求少用或尽量不用农药。主要是采用防虫网覆盖,应用频振式杀虫灯、性引诱剂杀虫,适当配合化学防治。小菜蛾用 2.5% 菜喜悬浮剂 1 000 倍液或 20% 绿得福微乳剂 600 倍液喷雾防治;斜纹夜蛾、甜菜夜蛾用 24% 美满悬浮剂 3 000 倍液或 10% 除尽悬浮剂 2 000 倍液喷雾防治。

(三)花 菜

1. 适时播种 品种以成功 1 号、成功 4 号 100 天花菜为主,于 7 月中下旬播种。

2. 苗床准备 苗床须提前 15 天左右施好基肥,播种时要精心整地、消毒杀菌,并做好地下害虫防治,播后要用秸秆或遮阳网、防虫网覆盖降温,确保出苗整齐。

3. 及时假植、适时移栽 秧龄 20 天左右开始假植定苗,定苗后用遮阳网遮荫并浇水护苗,定苗成活 10 天左右即可移栽大田。不进行假植的秧苗,播种时要稀些,苗龄 30 天开始移栽。移栽密度每 667 平方米 2 000 株左右。

4. 科学施肥 苗床育苗前 667 平方米施 1 500 ~ 2 000 千克腐熟有机肥，假植后施 1 次苗肥，当临近大田定植时再施 1 次苗肥，每次用稀人粪尿 1 500 千克或尿素 5 ~ 8 千克对水浇施，以利于缓苗。移栽前 15 天，结合大田深翻施腐熟粪肥 2 500 ~ 3 000 千克、硼砂 1 千克、高浓度复合肥 30 ~ 40 千克；移栽后用 7.5 千克尿素对水浇施；半个月后，施高浓度复合肥 10 ~ 15 千克；现蕾前施高浓度复合肥 30 ~ 35 千克；现蕾后用 0.5% 尿素水溶液加 0.2% 硼砂液喷施，叶面喷施可结合防病药剂一起混合喷施。

5. 病虫害防治 花菜害虫主要有小菜蛾、斜纹夜蛾、甜菜夜蛾，病害主要有立枯病、黑腐病、软腐病等。防治上要农业、物理、生物防治与化学防治结合。小菜蛾用 5% 锐劲特悬浮剂 2 500 倍液，或 2.5% 菜喜悬浮剂 1 000 倍液，或 20% 绿得福微乳剂 800 倍液喷雾防治；斜纹夜蛾、甜菜夜蛾用 24% 美满悬浮剂 3 000 倍液或 10% 除尽 2 000 倍液喷雾防治；立枯病用 98% 恶霉灵可湿性粉剂 3 000 倍液或 20% 好靓可溶性粉剂 3 000 倍液喷雾防治；黑腐病、软腐病用 72% 农用链霉素可湿性粉剂 3 000 ~ 4 000 倍液或 57.6% 冠菌清干粉剂 1 000 倍液喷雾防治。

（义蓬镇徐友成、方剑飞、施伯祥）

二十三、大豆/丝瓜—大白菜高产高效栽培技术

2007 年，杭州丁一农业开发有限公司试验示范地膜大豆套作丝瓜，再种 1 季大白菜，效益较好。实施面积 3.33 公顷（50 亩），鲜食大豆 667 平方米产量 600 千克，产值 1 200 元，利润 550 元；丝瓜 667 平方米产量 4 700 千克，产值 4 500 元，利润 2 600 元；大白菜 667 平方米产量 5 000 千克，产值 2 500 元，利润 1 500 元；全年 667 平方米产值 8 200 元，扣除生产成本每 667 平方米再扣 350 元土地承包费，纯利润 4 300 元；实现总产值 41 万元，总利润 21.5 万元。在为市场提供不同的蔬菜品种、丰富市场菜篮子的同时，取得了明显的经济效益，值得推广应用。

（一）品种选择

鲜食大豆选用早熟品种 95-1，充分发挥地膜优势，促使其提早上市，提高效益；丝瓜选用杂交香丝瓜青秀 3 号，该品种比一般品种早采收 5 ~ 7 天，畸形瓜少，瓜型直，粗细均匀，长短适中，单瓜重 300 克，长势旺，抗病性强，不易老化，带香味，不易发黑；大白菜选用改良青杂 3 号，该品种球型大，产量高，品质

好。

(二)茬口安排

鲜食大豆于 2 月底至 3 月初采用地膜直播;每 4 畦大豆空 1 畦,用于丝瓜搭架和移栽。丝瓜于 2 月 25 日左右用营养钵育苗,4 月 5 日左右移栽于大豆空行内;大白菜于 8 月下旬育苗,9 月中旬在丝瓜收后免耕移栽。

(三)主要栽培技术

1. 大豆 鲜食大豆采用地膜直播。667 平方米施 25 千克复合肥作基肥,翻耕后平整做畦,畦宽 90 厘米,畦面施复合肥 15 千克;每畦种 2 行,穴距 25 厘米,行距 40 厘米,每穴播 3~4 粒大豆籽,盖土,喷 33% 施田补乳油 100 毫升除草,覆盖地膜;出苗后将苗从地膜中挑出,结荚时再施复合肥 10 千克。6 月初收鲜大豆。如采用小拱棚双膜覆盖,可提高上市,增加效益。

2. 丝 瓜

(1)搭架拉线 利用空闲时间,提早在大豆空地上搭架。用毛竹搭架,长 2.5 米,入地 50 厘米,每隔 10 米立 1 根毛竹,边柱用铁丝拉斜线固定,柱与柱之间用 12# 铁丝左右、前后拉紧,与种瓜行垂直隔 50 厘米拉线。

(2)育苗 丝瓜采用大棚营养钵育苗,播前在常温下浸种 48 小时,捞出后沥干,保温催芽,露白后,将丝瓜籽放到浇透水的营养钵内,覆土盖粒,苗龄 40 天左右。

(3)整地盖膜 2 月份在瓜畦中开沟,每 667 平方米沟施猪粪 1 000 千克加复合肥 30 千克,覆土平整,盖地膜;4 月 5 日左右,地膜打洞,移栽瓜秧,株距 50 厘米,每 667 平方米 1 000 株左右;搭小拱棚覆盖,实行双膜覆盖。

(4)施肥 要求掌握基肥足、苗肥速、果肥重的施肥原则。除基肥外,看苗施肥,摘 1 批施 1 次,每次施复合肥 10 千克,一般 5 月底开始采收,9 月上旬结束,每隔 2~3 天采收 1 次。

(5)田间管理 苗高 30 厘米时及时引蔓上架,用绳固定;为使丝瓜变直,提高商品性,在丝瓜花部用绳子挂小沙袋牵引。小苗时及时打去多余的分枝及雄花。7~8 月份及时用锐劲特、甲基阿维菌素等防治瓜绢螟。

3. 大 白 菜

(1)育苗移栽 选择地势高、土壤肥沃的田块做苗床,667 平方米施复合肥 20 千克加过磷酸钙 10 千克打底,平整土地;8 月下旬或 9 月上旬播种,每 667 平方米播 400 克菜籽,秧本比为 1:6,播后用脚踏实;2 叶期间苗,结合间

苗施追肥,667 平方米施复合肥 7.5 千克,同时用 10% 吡虫啉可湿性粉剂 2 500 倍液防蚜虫;移栽前 1 周结合浇水施尿素 5 千克,用 10% 吡虫啉可湿性粉剂 30 克防蚜虫,做到带土带肥带药移栽;9 月中旬,秧龄 20 天左右,免耕直接移栽,按大豆畦每畦种 2 行,株距 30 ~ 35 厘米。

(2)大田管理 移栽前 7 天 667 平方米喷草甘膦 1 千克除草;移栽前施复合肥 15 千克,栽后 7 ~ 10 天施尿素 5 千克,1 个月后施重肥,667 平方米施复合肥 25 千克。及时喷施农药防治好小菜蛾、菜青虫及夜蛾类害虫。一般 11 月底至 12 月初开始采收,根据市场行情,可以采收至翌年 1 月份。

(杭州丁一农业开发有限公司丁建明,萧山区农业局程湘虹、徐剑)

二十四、莲藕、茭白套种技术

新塘街道位于城郊结合地带,是莲藕、茭白等水生蔬菜的主要产地之一,以专业大户种植为主,常年种植面积 40 公顷(600 亩)左右。根据典型调查,实行莲藕、茭白套种,一般 667 平方米产鲜藕 2 300 千克,茭白 1 500 千克,产值 6 870 元,扣除成本后,纯收入 3 490 元,比传统农业增效 6 ~ 7 倍。通过这些典型引路,全区的水生蔬菜已发展到 266.67 公顷(4 000 亩)左右。

该种植模式适宜种植在土层深厚,有较好灌溉条件的低洼田。实行莲藕、茭白套种,主要是错开季节,提高土地的产出率,利用冬、春季栽种茭白,初夏收获;随着莲藕长势的加速,残存的茭白植株开始萎蔫腐烂,互不影响,两者共生期 45 ~ 60 天。

(一)选好品种

适宜平原水网地带种植的茭白品种有浙茭 991、浙茭 2 号等,表现为肉质好,熟期中熟偏早;藕品种主要是苏州漂花藕,属早熟品种,易采挖,色泽白嫩,节间长短均匀,烧煮糊化度高,消费者比较喜欢。

(二)分蘖栽种

茭白在 11 月份至翌年 2 月份移栽,是一个连续分蘖的过程。

1. **茭白蹲苗** 按每 667 平方米 10 蔸的量购买好茭白种苗,放在室内,适当淋水,让其自然生长,到出幼苗为止。

2. **苗床育苗** 选择肥沃的田作为苗床基地,整平田块。当幼苗长到 1 ~ 2 叶时,将茭白蔸用刀切开,每小蔸 3 ~ 4 根苗,在浇上薄水的情况下移栽到苗床,密度为 30 厘米×30 厘米。

3. 大田移栽　苗床育苗一般不超过 2 个月,就可以在大田移栽。大田要求深翻 20 厘米左右,达到田平泥糊无杂草,移栽时将苑再次切开,每苑留苗 3~4 根,移栽行、株距为 80 厘米×70 厘米,每种 2 行茭白预留 160 厘米,为移栽莲藕留下空间(图 1),每 667 平方米移栽 800 苑左右。

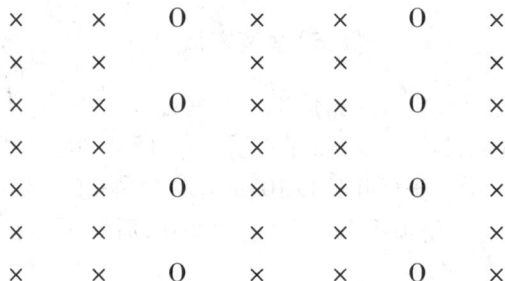

```
×    ×    O    ×    ×    O    ×
×    ×         ×    ×         ×
×    ×    O    ×    ×    O    ×
×    ×         ×    ×         ×
×    ×    O    ×    ×    O    ×
×    ×         ×    ×         ×
×    ×    O    ×    ×    O    ×
```

图 1　莲藕、茭白套种示意
×—茭白　O—藕

4. 适时种藕　当茭白苗高 80~100 厘米时就可套种莲藕,藕种要选择完好无破损的,每条重 1 千克以上,横卧土中,深度以不裸露即可,藕的株距为 120 厘米左右,每 667 平方米栽藕种 250 条左右,田边一行的藕头一律向内。

(三)巧施肥药

茭白一般施肥 4 次,移栽前每 667 平方米大田用碳酸氢铵、过磷酸钙各 25 千克、氯化钾 10 千克拌匀面施;当苗高 10 厘米时再按上述配方施好追肥,促使早发;苗高 50~60 厘米时施好壮苗肥,用尿素 20 千克,撒施;苗高 100~130 厘米时重施孕茭肥,用高浓度复合肥 50 千克,撒施。茭白施下的肥料部分为藕吸收利用,因此藕施肥量可减少,一般在茭白起产后追肥 2 次,第一次在 6 月中旬,667 平方米用尿素 20 千克,撒施,促进根、茎、叶营养器官的生长;第二次在 7 月中旬,用高浓度复合肥 40 千克撒施,主攻地下部块茎膨大。

茭白与莲藕在正常情况下很少施用农药,一般防虫 2 次就行了。第一次在 5 月上旬,667 平方米用锐劲特 30 毫升加吡虫啉 20 克对水 50 升喷细雾,防茭白螟虫兼治蚜虫、长绿叶蝉;第二次在 6 月中旬,用吡虫啉 20 克对水 40~50 升喷雾,防 1 次莲藕蚜虫。

（四）田间管理

从莲藕立叶开始，如发现田间稀密不一，要在晴天下午，小心地将密处的藕头拨向稀处。如发现嫩叶长在田边，表示藕头已伸到田边，应伸手入泥将幼嫩藕头拨向田内，用泥压好。在管理过程中要不断地除去老叶、黄叶和枯叶，踩入泥中作肥料，以利于通风透光，减轻腐败病的发生。

（五）适度搁田

茭白与莲藕虽然是水生作物，但也要讲究合理灌溉，前期以水层深度 5～7 厘米较好；随着气温升高，灌水加深水层 10～15 厘米；中间也要抓好搁田，增气促根，时间是在第一张藕叶长高 10 厘米左右，搁好一次田，程度以不陷脚为宜，后及时复水，这样使根系深扎，抗逆力增强，后期不早衰。

（六）采收上市

一般在 5～6 月份采收茭白，成熟度可用肉眼辨别，包围茭白外部的 2 张护叶，其中有一边已现裂缝，可见到白色的茭白肉质，是适宜的采收期到了，这就是常说的"一门开"。莲藕采收期一般在 9 月中旬以后，要雇用熟练工，有序地组织采挖。茭白与藕最好现采现售，一旦当天卖不完，要注意保鲜贮存，方法是将剩余的茭白或藕放置室内，茭白根部蘸少量的 3% 的白矾水；如果是藕，可用 0.2% 柠檬酸溶液淋 1 次，这样既不影响产品质量，又可保鲜 2～3天，不至于影响经济效益。

（新塘街道丁海明）

二十五、高温蘑菇栽培技术

蘑菇是一种味道鲜美、营养丰富，且具有保健功效的健康食品。同时，蘑菇栽培以稻麦草及畜禽粪等农牧业废料进行栽培，变废为宝，减少环境污染。栽培后的废料是一种优良的有机肥，转化过程中无"三废"产物，是一项生态型农业项目。我国的双孢蘑菇，在自然气候条件下栽培一年只能栽培 1 季中低温菇，出菇期集中，短期内鲜菇供过于求，"卖难"、"菇贱"现象时有发生，且不能在夏季高温下栽培，导致夏季菇房闲置，市场鲜菇断档。

为解决蘑菇周年栽培问题，浙江省农业科学院选育出能在高温季节栽培的高温型双环蘑菇新品种——高温蘑菇夏菇93,1998 年进入生产性示范。义蓬镇于 2000 年引进试种,2002 年进入规模化栽培。高温蘑菇耐高温,适宜出菇温度 26℃～34℃,在 38℃下还能继续生长,菇质优,不易褐变,耐贮运,鲜菇优质安全。可利用现有菇房夏闲期栽培,生长周期短,从培养料进菇房到采收完毕只需 100～110 天,每平方米可产高温蘑菇 4～5 千克,产值 40～50 元,获利 20～30 元,成本低,效益高。

(一)栽培季节

栽培时间为 5～9 月份。在 4 月中旬至 5 月上旬堆料,5 月中旬至 6 月上旬播种,6 月上旬至 6 月下旬覆土,7 月上旬开始出菇,9 月底前采菇完毕。

(二)菇房搭建

菇房要求具有良好的保温、保湿性能,有能及时通风换气的设施。菇房栽培面积以 300 平方米左右为宜,宽度不超过 9 米。

一是可利用现有蘑菇房、塑料大棚的夏季空闲期。

二是菇棚采用毛竹支架床式搭建,床面宽 1.3～1.5 米,分 5～6 层,底层离地 0.5 米,床架层距 0.65 米,床与床之间留通道,通道宽 0.6 米,每个通道两端开 0.4 米×0.5 米的上窗和地窗,窗要对准通道。

三是菇房消毒。每 100 平方米栽培面积,用敌敌畏 0.5 千克、甲醛 2～2.5 千克,在培养料进房前 5 天密封熏蒸,3 天后打开门窗,使空气新鲜。

(三)培养料室外堆制

1. 培养料配方 按每 100 平方米栽培面积计算。粪草培养料配方:稻草 2 000 千克、干牛粪 700 千克、尿素 20 千克、碳酸氢铵 50 千克、菜籽饼 100 千克、过磷酸钙 50 千克、石膏 50 千克、生石灰 40 千克。无粪合成料配方:稻草 2 500 千克、尿素 40 千克、碳酸氢铵 20 千克、菜籽饼 200 千克、过磷酸钙 50 千克、石膏 50 千克、生石灰 40～50 千克。

2. 培养料制作

(1)预湿 干稻草、干牛粪、菜籽饼在建堆前预湿。

(2)建堆 料堆高 1.5～1.8 米,宽 1.8 米,长度不限,四边垂直。采用一层草料一层粪肥(牛粪、菜籽饼、尿素、硫酸铵或碳酸氢铵),分层堆制,边堆边用脚踏实,分 10 多层堆完。料堆成后,顶部用草帘覆盖,下大雨时用塑料薄膜覆盖,但要注意通气。

(3)翻堆 在建堆 6 天后进行第一次翻堆,当料面下 30 厘米处温度达到

70℃以上时进行。抖松培养料,将外层和底层的料翻入中心,中心的料翻到外层,边翻堆边补充水分,把含水量调节在65%左右(手紧捏料时有 2~3 滴水滴落),均匀加入全部过磷酸钙和60%石膏。料堆缩小到 1.6 米宽、1.3~1.6 米高。建堆 10 天后进行第二次翻堆,翻堆时加入余下的40%石膏和20千克石灰,方法和要求同上。建堆 13 天后进行第三次翻堆,加入 20 千克石灰,方法和要求同上。建堆 15 天后进行第四次翻堆,方法同上,加入适量的石灰水,把含水量调节在 70% 左右(手紧捏料时有 5~8 滴水滴落),将 pH 值调节在 7.5 左右。第四次翻堆后 2~3 天,用 500 倍液敌敌畏和 5% 甲醛溶液喷施料面,喷后用塑料薄膜密封 12 小时,培养料即可进菇房。

室外堆制发酵后的培养料质量要求:色为深褐;手捏有弹性、不黏手;含水量为70%左右(手紧捏有 5~8 滴水滴落);pH 值为 7.2,允许有微量氨味,有少量放线菌。

(四)培养料室内发酵

1. 上床 经室外堆制发酵后的培养料搬进菇房,放置于上 3 层床架上,料层高 8~10 厘米,中间部分高 10~12 厘米,床面形成弧形。铺料不可过厚,否则会使料温提高,导致病虫害大面积发生。

2. 二次发酵 上床 2 天后,温度开始上升,紧闭菇房门窗,用气雾进行消毒。待温度稍开始下降后进行二次发酵。在菇房内通入蒸汽,使料温达到 60℃以上,并保持 5~8 小时,当温度上升至 69℃时不再加温。18 小时后,温度降至 48℃左右,保持 4~5 天,二次发酵完成。

经室内发酵后培养料的质量要求:色为暗褐;手压有弹性、不黏手、手拉易断;含水量为 60% 左右(手紧捏有湿感);pH 值为 7,无酸败、无氨味、有甜面包香味;整个料层长满白色有益微生物的菌丝。

(五)播种和发菌期管理

1. 翻格 经后发酵的培养料趁热翻格,翻格时将整个料抖松,让有害的气体散发出去,同时将各层的厚度整理均匀。

2. 播种 挑选菌丝洁白、粗壮、菌龄适中(麦粒种为发到底后 7 天、棉籽壳种为发到底后 15 天)、无杂菌、无螨类的菌种。当料温降至 32℃左右时,即可进行播种。播种量每平方米为麦粒种 2 瓶,棉籽壳种 2~2.5 瓶。采用混播加面播,即先把 2/3 的菌种均匀地撒在料面,用手指将菌种耙入料层,再把余下的 1/3 菌种播在上面,然后压紧培养料,播后关好门窗,让其发菌。

3. 发菌期管理 在播种后,保持菇房温度 27℃~30℃;5~7 天后,开始通风换气,通气量的多少,要根据菇房的湿度、温度和发菌情况而定。

(六)覆土及覆土后的管理

1. 时间 菌丝长透整个料层时(播种后 20 天左右)进行覆土。

2. 材料 采用砻糠泥土,糠泥体积比为 1:20~30(黏性重的土,砻糠比例高一点;沙性重的土,砻糠比例低一点)。泥土采自耕作层下的无菌生土或清洁塘泥,经适当晒干、打碎,土粒直径 0.5~1 厘米。

3. 消毒 在覆土前 5 天,砻糠用 3%~5% 石灰水预浸 24~48 小时,沥干后与泥土拌匀。1 立方米干土用 10 升 5% 甲醛喷洒,并覆盖塑料薄膜 24~48 小时,然后再拌入 1%~2% 石灰。

4. 覆土 厚度为 3 厘米左右,分 2 次进行。第一次覆土厚度为 2.5 厘米左右,覆土时要开窗通风换气,如覆土的含水量不足时,第二天用水慢慢地将覆土充分调湿,但不漏入料层,待土层表面水渍干后,逐步关紧门窗。要求菇房内温度 27℃~28℃。待部分菌丝长到土表面时,进行第二次覆土,厚度为 0.5 厘米,并补足水分,打开门窗,加强通风。

(七)出菇期管理

1. 喷水 当床面发现原基形成时,喷第一潮菇的出菇水,用量为每平方米 2~3 升,分 2 次完成。每一潮菇采收结束后,清理床面,补好覆土,第二天根据覆土湿度和菌丝生长情况进行喷水。喷水方法采取一潮菇喷一次水的管理,宜在早晚进行,喷水期间应加强通风换气。出菇水应选用清洁水或井水。

2. 采收 一般每隔 5~7 天采 1 潮菇,可连续采收 5~6 潮菇。每天采摘 2~3 次。当近根基部的 1 个菌环开始破裂,即为采收适期。采摘时捏住菇盖,小心转动使菇根向上旋出,保持菇体洁净。采摘后及时去掉根泥,分级包装进入冷藏库待售(库温 5℃~10℃,贮存时间 3 天之内)。最后 1 潮菇采收结束后,及时清理菇房,接着开始栽培下季中低温菇。

(八)病虫害防治

按"预防为主"的原则开展病虫害综合防治,严格按 DB 33/291.2 无公害农药使用规范进行操作,出菇期禁用化学农药;严格发酵工艺和空气、水、覆土的消毒。

1. 绿色木素 降低菇房温度,及时通气,相对湿度控制在85%以下,初发期可喷50%多菌灵可湿性粉剂600倍液。

2. 胡桃肉状菌 避开高温,适当推迟播种,当气温稳定在25℃左右时开始播种。提高二次发酵期间的温度和时间,保持60℃12小时或80℃2小时,可杀死子囊细胞。菇床上发现胡桃肉状菌时,降低菇房湿度,及时挖除杂菌块深埋或烧毁,撒上漂白粉。对菇房采取隔离,采用专人操作和专职工具,严防人为传播。

3. 细菌斑点病 降低菇房湿度,加大通风量,摘除病菇。用菌毒清1 000倍液或漂白粉600倍液或农用链霉素4 500倍液喷雾防治。

4. 瘿蚊 清洁菇房内外环境,在房内墙上及地面喷80%敌敌畏乳油1 000倍液;在门窗上挂蘸有敌敌畏原液的棉球;若在播种后发生,可在出菇前或采收落潮时喷洒5%锐劲特悬浮剂3 000倍液;对感染菇房采取隔离措施,防止人为传播。

5. 螨类 杜绝使用带螨菌种。在播种后发现螨类,必须在覆土前彻底消灭,先在菇房内喷80%敌敌畏乳油或15%达螨灵乳油2 000倍液,每平方米喷400~500毫升药液,每100平方米再用800克敌敌畏原液熏蒸18~20小时。出菇期在大菇采净后施用,间隔4~5天后重施1次,一般喷施3次后,基本可达到正常出菇。

（义蓬镇施伯祥、方剑飞、於柏根）

二十六、稻菇连栽增效增收种植模式

稻菇连栽是在单季晚稻收获后,利用冬闲田种植菇类等食用菌的一种种植模式,不与种粮争地,可充分利用当地稻草、木屑、毛竹、冬闲田和劳动力等资源,发展前景广阔,经济效益好。种植效益较好的珍稀食用菌有真姬菇、白灵菇、小白菇、秀珍菇、杏鲍菇、金针菇等品种。萧山进化月萍食用菌种植场推广应用该种植模式取得较好的效果,该场占地3.2公顷（48亩）,具有可同时生产蘑菇1.11公顷（10万平方尺）、珍稀食用菌100万棒的规模,为农户提供菌棒、技术辅导、帮助销售等,经济、社会效益明显。

（一）效益分析

从10月底建棚至翌年2月份采收完成,生产期约100天。一般白灵菇每棒可产菇0.35~0.5千克,市场批发价每千克8元左右,一个菇棚按1万棒计算,总产量可达 3 500 千克以上,总产值 2.8 万元以上,成本合计 1.8 万元,纯利润 1 万元以上。

(二)材料准备

种 1 万棒菇需搭建 200 平方米菇棚 1 座(6 米×33 米),约需毛竹 800 千克,稻草 500 千克,铁丝 5 千克,7.5 米宽、0.07 毫米厚的薄膜 20 千克,绳 2.5 千克,遮阳网 15 千克。

(三)菌棒制作

生产不同的珍稀菇对配方有所不同,这里主要介绍白灵菇菌棒制作,具体为拌匀—发酵—装袋—灭菌—接种—发菌。

1. 配方　锯木屑 40% 左右、棉籽壳 47% 左右、玉米粉 5%、麸皮 5%、石灰 2%、石膏 1%,另加尿素 0.2%、促酵剂 0.35%,对水量以料水比 1∶0.5~1.1 为宜(含水量 60% 左右)。

2. 发酵　堆料呈梯形,宽 1 米、高 1.2 米。堆好后打通气孔,孔距 40 厘米,上方中间打 1 排,每侧打 2 排。盖上塑料薄膜并遮荫,料堆下部留出 30 厘米,以利于透气。当料堆中心温度达 65℃~70℃ 时翻堆,共翻 2 次。发酵好的料呈棕褐色,不黏、不朽,无酸、无臭和无氨味。装袋前调水使含水量达 55%~60%。掌握宁干勿湿的原则,调整 pH 值 7.5~8.5 为宜。

3. 装袋与灭菌　选用 17 厘米×33 厘米×0.04 毫米规格薄膜袋,每袋装 0.75 千克湿料为宜。从拌料到装袋应当天完成。装好料后应立即进行灭菌,常压灭菌 100℃ 保持 10~12 小时,灭菌一定要彻底。常压灭菌分蒸汽发生炉或土灶灭菌。装锅时每排之间适当留出空间,促进蒸汽循环。当菌袋内温度达到 70℃ 时保持 7 小时或 80℃ 保持 5 小时后闷锅,自然降温至 60℃ 出灶,达到灭菌效果。

4. 消毒与接种　灭菌后,趁热搬至接种室或接种箱,用气雾消毒剂消毒,待料温降至 30℃ 以下后可以接种。接种时要严格按照灭菌操作要求,以防杂菌感染,提高接种成功率。

5. 发菌期管理　接种后,将菌袋(棒)运至消毒后的培养室内培养,3 天内不要搬动,3 天后检查菌种存活及杂菌污染情况,如发现有局部感染杂菌,可用注射器装 36% 甲醛液对一半水注射至感染部位杀灭杂菌。如果发现感染严重的及时淘汰。培养期间应遮光,保持室内干燥,并经常通风换气,温度保持在 25℃~27℃。时间 30~40 天。

发菌期操作要点:培养室在 3 天前清扫后用甲醛加高锰酸钾或气雾消毒盒进行熏蒸消毒;接种后的菌袋(棒)在搬运至发菌室过程中要轻拿轻放,摆放层数一般 4~6 层,气温高时,应每层隔放小竹竿,以利于通风降温;在培养室内每周用克霉灵液喷雾,进行空气消毒 1 次;接种后 15 天进行 1次翻堆,检查菌丝生长情况和有无杂菌,在杂菌感染呈点状时及时用甲醛水注射处理,后每隔 10 天翻堆检查 1 次,并及时处理杂菌;发菌期要注意温度、湿度、空气与光线的调节,温度为 25℃~28℃,空气相对湿度在 75% 以下,保持空气新鲜,光线要暗;在发菌室经过 30~40 天、菌丝体长满袋后,可移到稻田菇棚栽培。

(四)稻田菇棚栽培及管理

一般珍稀菇栽种季节在秋末到初春,适宜温度 12℃~22℃。在 9 月中旬备料接种,10 月下旬栽培,春节前后产菇最好。

1. 菇棚搭建 在 10 月下旬单季晚稻收割后,选择地势高燥田块,南北投向搭建菇棚。以每棚栽种 1 万袋(棒)菇为宜,约建菇棚 200 平方米,利用蔬菜大棚也可以。对菇棚搭建要求不高,只要能保温可通风遮光就可以。棚顶呈弧形或三角形搭建,一般呈弧形搭建为好,以便于操作。

2. 操作要点 田块四周开好排水沟,齐泥割稻,平整场地;棚架南北方向,长 33 米、宽 6 米、高 2 米;选择毛竹大棚与钢管大棚均可,在大棚上盖遮阳网或草帘。

3. 出菇期管理 将长满菌丝的菌袋(棒)运入菇棚后,进行低温处理,调节温度在 8℃~20℃,白天将菇棚门关闭,揭开棚上草帘或遮阳网让阳光透进菇棚,提高温度,晚上两头开门,揭开四周的薄膜,让冷空气进入菇棚,加大菇棚内空气湿度,保持空气相对湿度在 85℃左右,大约经 1 周就可出现菇蕾。当菇蕾长到黄豆大小时,解开袋口,加大空气相对湿度达 90%~95%,温度保持在 15℃左右,并加大通风量,增加通风次数。当菇蕾长到蚕豆大小时,袋口放大,菇蕾继续增大时,将袋口齐料割去,或卷低袋口,促进菌盖分化,防止发生大脚菇而降低商品价值,影响产量与质量。从菇蕾发生至成熟大约要 10 天时间,子实体生长期间,菇棚温度控制在 8℃~25℃,湿度控制在 85%~95%。达不到目标湿度时要补湿,用喷雾器在空中、地面和四周喷水。经常通风换气,保持空气新鲜,给予散射光照。

4. 采收 冬季低温季节珍稀菇从现蕾到长大需 10 天左右,当菇长到七分成熟、菌盖边缘逐渐平展沿口上翘未散孢子时,要及时采收。用手握子实体菌柄基部轻轻采下。一批陆续采完后,刮涂表面一层料,待下一批生长。采下的菇要进行整理,剪去菇蒂,分级包装销售。以鲜售为好,也可加工成盐水菇,或成干品销售。

(进化镇张国春,萧山进化月萍食用菌种植场诸月萍)

第三部分 畜牧篇

二十七、浦阳镇十三房畜牧小区和生态养殖模式

浦阳镇十三房村现有耕地 43.93 公顷(659 亩),山地 26.67 公顷(400 余亩),农户 310 户,常住人口 941 人,是一个以化工类、金属类和工艺鞋加工等行业为主的半山区。前几年该村还有 26 户农户从事生猪养殖,常年存栏 60 余头,采用传统的养殖方式,经济效益不高,对周边环境也造成了一定影响。为配合村庄整治和推进畜牧业养殖方式转变,该村积极探索新的生产模式。2005 年,由该村村民朱汉华出资在村西侧的一个山坞内建起了总投资 250 多万元的生猪养殖小区,小区占地 1.77 公顷(26.5 亩),共有 13 排猪舍,建筑面积 4 500 平方米,2007 年底存栏生猪 3 000 余头。

小区三面环山,坐西向东,背面上方是毛草坞标准水库,拥有天然的优质水源,左右两侧均是小山,东面呈喇叭口,远离农民住宅区。

(一)畜牧小区运行模式

小区实行统一饲养品种、统一防疫、统一生产管理、统一销售、统一污水治理的模式进行饲养,小区接受村委会监督。小区与农户签订认养合同,产生的利润按比例进行分配。

第一,对于原有的 26 户养猪户,如自愿放弃养猪的,由村和小区给予一定的补贴,并拥有优先的认养权。

第二,对于原有的猪舍,如果条件较好的,可通过改造、装修等措施,作出租房用;如果条件较差的,建议拆除,并由村里作适当补贴。

第三,小区严格执行国家的财政政策、法律法规,建立健全的财务制度和会计核算制度,由村文书担任会计,监督其财务制度,进行成本核算。

第四,小区生猪面向该村未养猪农户认购,但每次认购不能超过 10 头。

第五,小区的核算成本参考当地的平均成本,保证不高于当地平均成本的 5%;销售价也不低于当地的平均批发价。小区每周公布其成本价和销售价,接受认购农户的监督。

第六,认购的农户可以到畜牧小区内打工,领取相应的工资,并有监督小区生产管理的权力。

第七，农户可以在签订认购合同 160～180 天内，对商品猪自行销售，也可以委托小区统一销售。对于超过 180 天的，小区将实行统一销售。

第八，农户在签订认养合同后，必须预付每千克 10 元，每头按 90 千克计算的成本费 900 元。180 天后，当销售价高于成本价所产生的利润，80% 归农户所有，20% 归畜牧小区发展再生产；如果销售价低于成本价而产生亏损时，由小区承担损失，并归还 900 元成本费。

（二）生态养殖模式

小区按照"适度规模，立体养殖，种养结合，循环利用"原则建设。

第一，牧区外种植了香樟、桂花、杨柳、水杉等苗木 1 万余株，用于改善周边环境。

第二，开展排泄物综合整治。投资 70 余万元，建造了干粪收集房和雨污分流、雨水收集和污水收集设施，做到干湿分离、雨污分流。

第三，循环利用。污水经预沉、厌氧处理等多级沉淀、发酵后排入污水氧化塘、稳定塘中。塘中养殖水葫芦等水生植物，池塘周边土地种植黑麦草等青饲料，塘中的水则用于浇灌黑麦草及周边苗木。母猪日粮中添加青饲料后提高了母猪发情率、受胎率，有利于减少母猪繁殖障碍性疾病的发生。小区还承包周边 2 公顷山林茶园，经处理后的污水作为有机肥料浇灌茶园，真正做到零排放。

通过实行种养结合的生态养殖方式，改良了周边山林、茶园的肥力，改善了畜禽养殖的生态隔离条件，生猪发病率、死亡率明显下降，生猪的生产性能也得到进一步提高。猪粪经过堆积发酵后，还供应周边农户在苗木、茶园、竹林等作有机肥使用。

十三房畜牧小区通过村规划土地，把散养户集中起来实行统一养殖，比较适合萧山农村散户养殖量不大、又不愿意远离居住区到外面搞专业化养殖的现状，符合目前新农村建设需要。通过减少分散养殖、开展集中饲养模式，有利于改善村庄环境，有利于生猪防疫和环保，有利于畜牧方式的转变。

萧山南片山坡杂地较多，可充分利用山坡杂地，推行"适度规模、种养结合、综合治理、立体循环"的畜禽生态养殖模式。生猪规模以存栏 200～3 000 头为宜，家禽以存栏 500～2 000 只为宜，科学规划，利用好山林的自然屏障，协调好牧场与茶园、果园、苗木园及稻田等关系。这种模式有利于猪场排泄物治理和综合利用，促进畜牧业的增效增收和可持续发展。

（萧山区农业局韩水永，浦阳镇陈才）

二十八、放养土鸡饲养管理技术

萧山农村素有饲养放养鸡的习惯。随着农村经济的发展和城乡市场的需求,放养鸡这一传统产业也随之迅猛发展。放养鸡的品种、饲养方式、管理模式等均发生了一定变化。

(一)场址的选择和鸡舍搭建

1. 场址选择 充分利用荒坡杂地、竹林、果园等可用空间发展放养鸡。

第一,应尽量选择杂草资源丰富、水源充足且水质好、地势高燥、排水良好的地方。

第二,场址应远离居民住宅、工厂、学校等公共设施,具备一定的防疫隔离条件。

第三,交通便利,具有一定的通电、通信条件。

第四,放养场地要求地势较为平坦,周围有圈栏条件。

第五,场内可人工种植苗木,创造避雨、遮荫环境。

2. 鸡舍搭建 鸡舍设计要求为简易开放式,坐北朝南,舍内应保持清洁干燥,通风、冬暖夏凉。棚舍搭建应因地制宜,鸡舍深度可控制在 7 ~ 8 米,横向长度按饲养群体大小控制在 20 ~ 50 米,前门高度应控制在 2 ~ 2.5 米,以便饲养人员操作;顶部可采用石棉瓦、稻草等简易材料;鸡舍左右及后背侧应有排水沟。较大的饲养场应分区块饲养,区块间用竹栅或尼龙网隔栏,所围地块因鸡群大小而定,鸡群一般以 500 ~ 1 000 只为宜。舍内地面应铺浇水泥地面,以便清粪和卫生消毒。

(二)品种选择

为提高经济效益,向市场提供肉质鲜美、符合城乡居民消费要求的优质肉鸡,放养鸡的品种应选择耐粗饲、抗病力强、个体重在 1.25 ~ 1.75 千克的优良地方品种,如梅林土鸡、三黄鸡、岭南黄、柳州麻花鸡、闽北土鸡、新萧山鸡等,各地可根据地方品种资源和饲养环境等择优选择。

(三)饲　料

放养鸡育雏期可采用全饲料,鸡群脱温转入散放后,白天让其自由采食,在场地放养,以山林野果、虫草为主,配以人工育诱虫等高蛋白饲料,根据场地中饲料情况进行适当补饲,以饲喂玉米、大麦、稻谷等粗杂粮为主,适当添加豆粕、维生素、中草药制剂。

(四)饲养方式

1. 育雏期　雏鸡的生长发育特点是生长速度快,体温调节能力差,消化功能不完善,抗病力弱,敏感性强,胆小,喜群居。

(1)饮水与开食　雏鸡出壳 24 小时才能放食。头 2 天可在饮水中加0.01%高锰酸钾,以利于清肠消炎,同时应注意饮水清洁卫生。预防雏鸡白痢病的发生。一般先饮水后,即可把雏鸡全价料撒放在塑料薄膜上让其自由采食进行开食。2 天后应注意定时、定量,以喂八成饱为宜,以后可逐步改成专用料桶饲喂。

(2)育雏舍的温、湿度　育雏舍内必须放置保温设备,若用燃煤保温,需严格注意煤烟管道的密封度,防止煤气泄漏,造成中毒。一般 1~2 日龄时,雏鸡舍温度需达到 32℃~35℃,以后可根据外界气候情况逐日逐周减降。冬、春季节每周下降 2℃,夏、秋季节每周下降 3℃。育雏第 3~4 周龄,舍内温度控制在 20℃~25℃。育雏舍的空气相对湿度应控制在 55%~60%,前期可略提高,最高不能超过 75%,以防湿度过大,促使病原微生物的繁殖和球虫病的发生;但湿度过小,同样也会促使雏鸡呼吸加快,蛋黄吸收不良等情况,影响雏鸡的正常发育。

(3)合理分群,控制密度　育雏可采用网上平养或上笼分层育雏,但均应隔栏分群,一般以 1 平方米 1 栏为宜,每群数量在 50~80 只。随着日龄的增长逐步调整群体;同时,也应按苗雏的强弱分群,头几天网上应垫草或其他较软的垫物,以免小鸡脚损伤。育雏期间应加强巡查,发现问题及时处理。

2. 生长放养期　一般苗鸡在育雏舍饲养 1 个月后转入放养鸡舍,鸡群采用全天散放式,放养场地上应提供充足的水源(挖坑积水或摆放饮水器),必要时场地上应堆放沙石、贝壳粉之类,让鸡自由采食。以混合饲料饲喂的,早、晚各喂 1 次为宜,以晚餐为主。同时,适当采集外界环境中种植的黑麦草、青草、蔬菜等,以补充维生素等营养物质。

(五)疫病防治

饲养放养鸡除必须具备的防疫条件外,疫病防治应采用疫苗预防和平时严格消毒相结合(表4)。为保证其产品绿色安全,发现苗头,可以配合使用中草药防治。

表 4　放养土鸡免疫程序

疫苗接种日龄	疫苗名称	接种方法
出壳 24 小时内	马立克氏疫苗	皮下注射(孵化场内完成),1 头份/只
5 日龄	传染性支气管炎 H120 疫苗	饮水或滴鼻,1~2 头份/只
7~10 日龄	鸡新城疫 lasota 系疫苗 鸡传染性法氏囊弱毒疫苗	饮水或滴鼻,1~2 头份/只
10 日龄	禽流感 H5N1 苗	皮下注射或肌内注射,0.5 毫升/只
20 日龄	(夏秋季)鸡痘疫苗	刺种,1 头份/只
25 日龄	鸡传染性支气管炎 H52 疫苗	饮水或滴鼻,1~2 头份/只
25~30 日龄	鸡新城疫 lasota 系疫苗 鸡传染性法氏囊弱毒疫苗	饮水,2 头份/只
30~35 日	禽流感 H5N1 疫苗	肌内注射,0.8 毫升/只
60 日龄(如饲养期超 120 日龄时)	鸡新城疫 I 系疫苗	肌内注射,1~2 头份/只
80 日龄(如饲养期超 120 日龄时)	禽流感疫苗	肌内注射,0.8 毫升/只

注:其他疫苗的使用,可根据各地具体情况和周围疫情予以增免或适当调整免疫程序

(六)其他技术要点

第一,放养鸡的全程饲养期必须达到 120 天以上,以保证肉质和营养质量。

第二,阉割肥育鸡。可在出售前 1 个月采用暂养方式,以增加肥育效果。阉割时应以鸡体重达到 0.75 千克左右时进行为宜。

第三,鸡群一旦出现疫病,治疗药物应采用中药制剂为主,并配以营养性添加剂,促进鸡群恢复。

(七)辅　食

1. 夜间亮灯诱虫法　此方法可在春、夏、秋三季进行,夜间在放养场地上适当安装几处白炽灯,亮灯诱惑周围田间、树丛中的飞虫集聚,白天让鸡自由采食以增加动物性蛋白质饲料。

2. 人工育虫法 可在放养场内挖掘宽1.5米、长2~3米、深0.8~1米的坑数只,坑内堆放烂草等易发酵物,每天中午在顶部喷洒适当的水分或盖上塑料薄膜,以增加堆放物热量,促进发酵物产虫。一般1周后就可用人工把坑内的堆放物挖出,堆放物内的虫类是鸡很好的动物性蛋白质饲料。

(萧山区农业局余世福,益农镇林志荣)

二十九、规模化猪场人工授精技术

猪人工授精技术始于1930年,20世纪60~70年代得到推广与应用,80年代后由于集约化、规模化养猪兴起,猪人工授精技术得到进一步推广。目前,全区37家规模猪场全部采用人工授精技术。使用该技术不仅降低了公猪饲养量与饲养成本,减少了疫病传播,提高了优良种畜利用率,同时调动了周边养猪专业户的积极性。

(一)精液的采集

1. 公猪的调教 后备公猪7~8月龄可开始调教,已交配的种公猪也要进行采精调教。将成年公猪的精液、包皮分泌物或发情母猪尿液涂在假台猪后部,将公猪引至假台猪训练其爬跨。也可用发情母猪引诱公猪,待公猪性欲兴奋时,快速隔离母猪,调教公猪爬跨台猪。每天调教1~2次,每次调教时间不超过15分钟。

2. 精液处理所需的仪器和设备 温度计、水浴锅、恒温冰箱、量筒、集精杯、精液稀释剂、蒸馏水、输精瓶(100毫升)、恒温载物台、双孔显微镜、载玻片、盖玻片、移液管、胶头滴管、玻璃棒等

3. 采精前的工作准备 稀释液的配制:有市售的专用人工授精稀释液,也可用新鲜蒸馏水根据其说明配制(表5)。稀释液至少应在采精前2小时配制好,并置于38℃恒温水浴锅里待用。

表5 常见几种公猪精液稀释液配方 (单位:克/1 000毫升)

成 分	配方1	配方2	配方3	配方4
D-葡萄糖	37. 15	60.00	11. 50	11. 50
柠檬酸三钠	6.00	3.70	11. 65	11. 65
EDTA钠盐	1.25	3.70	2. 35	2. 35

续表5

成　分	配方1	配方2	配方3	配方4
碳酸氢钠	1.25	1.20	1.75	1.75
氯化钾	0.75	—	—	0.75
青霉素钠	0.6	0.5	0.6	—
硫酸链霉素	1.0	0.5	1.0	0.5
聚乙烯醇（PVP,Tytp Ⅱ）	—	—	1.0	1.0
三羧甲基氨基甲烷（Tris）	—	—	5.5	5.5
柠檬酸	—	—	4.1	4.1
半胱氨酸	—	—	0.07	0.07
海藻糖	—	—	—	1.0
林可霉素	—	—	—	1.0
贮存时间（天）	3	3	3	5

采精器械用品的准备：将经过清洁消毒的量筒、集精杯、胶头滴管、玻璃棒，采精时清洁公猪包皮内污物用的干纱布或纸巾等采精器械及用品置于38℃恒温箱中备用。采精前用2~3层消毒纱布罩在集精杯口上，用橡皮筋套住。

4. 种公猪的采精　饲养员将待采精的公猪赶上采精架，采精员右手持37℃集精杯，左手戴两层乳胶手套按摩公猪包皮部，挤出包皮内的积尿，刺激其爬跨假台猪，待公猪爬跨假台猪并伸出阴茎时，左手脱去外层手套，自公猪的右后侧靠近公猪将左手手心向下握成空拳，将公猪伸出的阴茎导入空拳内，轻轻握住伸出的阴茎螺旋状龟头，让其抽动几秒，然后握紧螺旋状龟头部位，不让其转动，并用手指从轻到重有节奏地握紧龟头，到阴茎充分勃起向前挺出之时顺势将阴茎轻轻拉出（不要强牵），手指继续有弹性而有节奏地握紧龟头，并不断调节握力，公猪即行射精，弃去最初射出的数毫升精液（精清），收集浓稠或全份精液于集精杯中。射精时要留出射精口，避免精液经手指流入集精杯内。有节奏地握压龟头可促使公猪射精完全。

5. 精液的鉴定及稀释　通过肉眼观察采精的量和颜色，颜色正常的精液是乳白色或浅灰色，精子密度越高，色泽愈深，其透明度愈低，若混有其他颜色，精液应废弃不用；猪精液气味略带腥味，如有异常气味也应废弃不用。然后检查精子的活率，精子的活率是指做直线前进运动精子数占总精子数的百分比。通过双孔显微镜观察精子活率,一般要求鲜精活率不低于70%,检查活率时载玻片和盖玻片应先在恒温载物台中预热至37℃。再检查精子的密度。精子的密度是指每毫升精液中所含的精子数,该指标是确定稀释倍数的重要指标,根据估计精子密度来确定精液的稀释倍数,用已经准备好的37℃稀释液通过玻棒引流慢慢引入集精杯中,并用玻棒轻轻搅拌(切勿碰杯底以免损伤精子)。最后对检查的结果进行登记,认真记录每一头种公猪精液品质的相关数据。

6. 精液的分装与贮存 稀释后静置片刻再做精子活率检查,如果稀释后活率无太大变化,即可进行分装与保存,如活率下降应弃用。一般用手工分装,以每80~100毫升为单位,将精液分装至精液瓶中,并用彩色笔或标签纸在精液瓶上写明公猪的耳号及品种,然后放入17℃精液保存恒温箱内。

(二)母猪的发情诊断、输精

1. 正确诊断母猪发情是关键 在正常情况下大多数母猪断奶后7天左右就开始发情,观察发情从母猪断奶后4天开始,一般在母猪早晨采食完毕后及傍晚观察2次,母猪发情时经常表现为精神不安,尖叫,食欲减退,阴户充血肿胀,湿润有黏液流出,当爬跨其他猪或接受其他猪的爬跨时,即呈静立反应。

2. 输精的最佳时期是在发情的后期 因为排卵就发生在这个时期,此时发情母猪由兴奋不安转为发呆,压背呈静立反应,肿胀的阴户开始消退而起皱,黏膜由潮红转为淡红色或紫红色,黏液由稀薄转为黏稠可拉成丝。

3. 输精时间 发情母猪出现静立反射后8~12小时进行第一次输精。之后每隔8~12小时进行第二次或第三次输精。

(三)输精的方法

在确定最佳输精时间时开始输精。清洁母猪外阴部,从密封袋中取出灭菌后的输精管,其前端涂上润滑液(注意不能堵塞输精管口),用左手拇指扒开阴唇,右手将输精管45°斜角向上缓缓插入母猪阴道内,在输精管进入10~15厘米之后转为水平逆时针旋转前行至30~40厘米时会感觉有阻力,此时再稍用力将输精管左右捻转使输精管到达子宫颈2~3厘米皱褶处,此时回拉会有明显阻力,输精管被子宫锁定,便可以进行输精。把品质合格的精液连接到输精管上,输精时按摩母猪尾根后海穴(交巢穴)及大腿内侧能增加母猪快感促使输精顺利进行,输精时通过控制精液瓶的高低和对母猪的刺激强度来调节输精时间,一般3~10分钟。当输精瓶内精液排空后,放低输精瓶约15

秒,观察精液是否倒流到输精瓶,若有倒流,再将其输入。输精结束后不宜马上抽出输精管,而应稍候一会再将输精管顺时针缓缓拉出。总之输精应遵循"轻插、适深、慢注、缓出"的原则。

人工授精效果会受到很多因素的影响,主要有猪场的管理状况,公猪精液的质量,操作者技术掌握的程度,母猪发情诊断,适时配种的准确性,以及环境条件和实验室设备限制等。如果各方面工作都做好的话,采用人工授精技术进行配种,能充分利用优良的种公猪,使其不受地域环境条件的限制,防止近亲繁殖,有利于品种的改良,防止疫病的传播,同时节省种公猪,降低饲养成本等,经济效益和社会效益十分显著。

(新街镇郑志鑫、朱海军,萧山区农业局梁红昶)

三十、规模猪场免疫程序和免疫操作技术要点

自20世纪90年代以来,生猪业逐步转向规模化、集约化发展,采用高投入、高产出的生产方式,达到高产、优质、高效的目的。但是在高密度、集约化的环境下生产,如何预防和控制动物疫病的发生已成为规模猪场安全生产的关键问题。市场行情的好坏只影响牧场的收成,但防疫工作的好坏直接影响牧场的存亡。开展规范、合理的程序免疫是预防和控制动物疫病发生的主要措施。

免疫前要制订实施方案,组织员工开展操作培训,掌握免疫接种内容、标准、注意事项和要求,使合理的程序真正落到实处。程序免疫必须建立在了解母源抗体情况和疫情形势、开展定期免疫抗体监测的基础上,再根据实际情况适当调整(具体可参照表6规模猪场推荐免疫程序)。在普遍免疫前要先试点再扩大免疫范围,若发生免疫应激反应的应及时查找原因,妥善处理。

表6 规模猪场免疫程序

疫苗种类	猪群类别	免疫时间	免疫剂量	免疫途径
猪瘟活疫苗	初生仔猪	乳前2小时(视情况)	1头份	肌内注射
	肉猪(仔猪)	20~25日龄仔猪	4头份	肌内注射
		60~65日龄或购入1周	4头份	肌内注射
	后备母猪	配种前2~4周	6头份	肌内注射
	公、母猪	每年春、秋季各1次,哺乳母猪产后2周	6头份	肌内注射

续表6

疫苗种类	猪群类别	免疫时间	免疫剂量	免疫途径
猪口蹄疫 O 型灭活苗	肉猪(仔猪)	40~50 日龄首免,60~70 日龄二免	2 毫升	肌内注射
		肉猪出栏前 1 个月三免或购入 1 周免疫 1 次,1 个月后再免疫 1 次	2~3 毫升	
	后备母猪	配种前 2~4 周,产前 5 周各免疫 1 次	3 毫升	
	公、母猪	每年春、秋各 1 次,12 月份加强 1 次	3 毫升	
猪繁殖与呼吸综合征(蓝耳病)灭活苗	仔猪	25 日龄	2 毫升	肌内注射
	后备母猪	配种前 5~7 天首免,间隔20 天二免	4 毫升	
	公、母猪	每 4 个月免疫 1 次	4 毫升	
猪繁殖与呼吸综合征活疫苗	仔猪	3 周龄以上或断奶后	1 头份	肌内注射
	后备母猪	配种前 2 周或普免	1~2 头份	
	公、母猪	配种前 2 周或普免	1~2 头份	
猪伪狂犬活疫苗	肉猪(仔猪)	高阳性率猪群 1~3 日龄	0.5~1 头份	滴鼻
		仔猪 8~10 周龄	1 头份	肌内注射
		阴性和低阳性率猪群仔猪 10 周龄	1 头份	
	后备种猪	配种前 4~5 周和 2~3 周各免疫 1 次	1 头份	
	母猪	每年免疫 3~4 次	1 头份	
	公猪	每年 2 次	1 头份	
猪乙型脑炎活疫苗	后备种猪	初次在配种前 20~30 天首免,间隔 2 周二免	1 头份	肌内注射
	母猪	每年春季加强 1 次	1 头份	
	公猪	每年春季加强 1 次	1 头份	
猪细小病毒油乳剂灭活苗	后备种猪	5 月龄至配种前 2 周	2 毫升	肌内注射
	母猪	分娩后和配种前 2 周免疫 1 次(妊娠母猪不免)	2 毫升	
	公猪	每年 2 次	2 毫升	
猪萎缩性鼻炎类毒素灭活苗	后备种猪	配种前间隔 6 周免疫 2 次	2 毫升	肌内注射
	母猪	产前 2 周免疫 1 次	2 毫升	

续表6

疫苗种类	猪群类别	免疫时间	免疫剂量	免疫途径
猪传染性胃肠炎和流行性腹泻二联活疫苗	肉猪(仔猪)	未免疫母猪所产3日龄以上仔猪	0.2毫升	后海穴注射
		免疫母猪所生仔猪与断奶后7~10天	0.5毫升	
		25~50千克育成猪	1毫升	
		50千克以上肥育猪	1.5毫升	
	母猪	产前20~30天	1.5毫升	
仔猪大肠杆菌三价灭活苗	母猪	产前40天和15天各注射1次	2.5毫升	肌内注射
猪败血性链球菌活疫苗	肉猪(仔猪)	3~7日龄或20日龄首免	1头份	肌内注射
		60日龄或购入1周免疫1次	3~4头份	
	母猪	配种前10天	5头份	
猪多杀性巴氏杆菌活疫苗(猪肺疫)	肉猪(仔猪)	断奶后	1头份	肌内注射
	公、母猪	每年春、秋季各1次	1~3头份	肌内注射
仔猪副伤寒活疫苗	仔猪	1月龄左右,经常发病猪群要间隔3~4周再免疫1次	1头份	肌内注射

注:1. 疫苗使用前要详细阅读说明书,看清产地、生产厂家、生产日期、有效期、免疫剂量、注射部位及使用方法

2. 是否接种仔猪副伤寒疫苗、猪肺疫疫苗、猪败血性链球菌疫苗、猪萎缩性鼻炎类毒素灭活苗等,根据猪场该病发病史决定

3. 猪瘟乳前免疫是一项较为理想的免疫方式,但由于操作麻烦,一般适用于猪场有疫情的情况下

(一)疫苗的保存和运输

　　猪瘟、猪丹毒二联苗、猪肺疫、副伤寒疫苗等活苗贮藏在 -2℃以下(放置冰箱冷冻处)。口蹄疫灭活苗、猪细小病毒灭活苗、高致病性猪蓝耳病灭活疫苗贮藏在4℃~8℃(放置冰箱冷藏处),不能冻结。进口猪伪狂犬病疫苗及稀释液要在2℃~8℃避光保存,避免冻结。疫苗出冷库后的运输、使用都要用保温箱来保持低温,避免阳光直射,超过25℃,疫苗效果将受损。拿出冷库的疫苗要在最短的时间内运回牧场,并按说明书要求存放。贮存的疫苗要防止冷库停电,如果反复冻融,疫苗效果会降低。

（二）查看瓶签，做好免疫记录

疫苗使用前先要注意疫苗的有效期，记录疫苗种类、产地、生产批号及使用猪的耳号、日龄、用量等。严禁使用破损和失真空的疫苗。

（三）正确稀释疫苗

猪瘟、猪丹毒二联苗等用生理盐水稀释，猪肺疫、副伤寒疫苗用专用铝胶水稀释，猪伪狂犬病进口疫苗、猪乙脑、猪蓝耳病弱毒苗有专用的稀释液稀释。气温超过 25℃时用冷藏过的生理盐水或铝胶水稀释疫苗，稀释后立即使用，尽可能在 1 小时内或更短的时间内用完。口蹄疫疫苗、高致病性猪蓝耳病灭活苗等油佐剂疫苗用前要仔细振荡，瓶口开启后当天用完。冬季油乳剂疫苗要回温，避免注射部位出现游离肿块。

（四）做好人员防护和消毒

防疫员必须做好自身防护工作，先消毒，再进栏；注射器、针头用前先洗净，煮沸消毒 15 分钟，做到 1 个针头注射 1 头猪。严防防疫工作造成疫病传播。

（五）注意猪只健康状况

疫苗注射前要仔细询问畜主存栏猪的吃食情况，查看猪只的精神和粪便状况。发热、腹泻与其他疾病潜伏期或隐性感染期以及生猪在产后 10 天内、刚配种 15 天内的母猪暂时不能免疫，等情况稳定后补免。

（六）剂量和部位准确

剂量与免疫效果密切相关，必须保证免疫剂量。注射部位用 70%酒精或 2.5%碘酊消毒。要根据猪只大小选择足够长的针头肌内注射疫苗，不打飞针。

（七）及时处理免疫反应

在免疫操作过程中，要随身携带抗过敏药物如肾上腺素和地塞米松，以备急用。免疫注射后 1～2 天内，做好免疫猪只查看工作，发现反应及时治疗，及时使用地塞米松或肾上腺素肌内注射有一定效果。

(八)防止药物干扰和疫苗间的相互干扰

免疫前、后 1 周,停止使用抗生素及抗病毒类药物,以免影响免疫效果。两种病毒性活疫苗的使用要间隔 7 天,以免相互干扰。

(萧山区农业局曹生福、盛 承)

三十一、猪高热病的预防与控制技术

猪高热病是一种以生猪持续高热、皮肤发红、呼吸急促等临床症状为主要特征的猪传染病,发病率和死亡率均比较高。我国农业部于 2007 年 3 月 28 日明确指出猪高热病疫情主要是由高致病性猪蓝耳病(猪繁殖与呼吸综合征)引起。由于该病病因复杂,临床上较难控制,治疗效果往往不理想,造成猪群生长缓慢或停滞、病残猪和死亡猪只增多,饲料转化率、生长速度以及猪群整体的均匀度降低,治疗成本增加,使养猪生产蒙受严重的损失。

(一)发病特点

1. 发病季节 一般发生在每年的夏天和初秋气温较高的季节,病程长,一般在 5~20 天,病死率一般在 30% 左右,一旦发病,往往给养猪场或养猪专业户造成很大的经济损失。

2. 与猪场管理水平密切相关 饲养管理水平较高、猪舍通风、降温设备完善的大中猪场发病率较低,发病率在 15% 以内;而饲养管理水平较低,对通风降温重视程度不足的小型猪场、专业户发病率比较高,一般在 30% 左右,甚至高达 50%。

3. 猪场防疫工作质量是关键因素 猪场对防疫工作不重视、技术人员保健观念差,没有严格封闭猪场、没有对猪群进行系统的保健和从场外购进苗猪饲养的肥育猪场、肉猪养殖专业户的猪发病率、死亡率高。

4. 体重越大的育成猪,发病率越高 发病猪的体重一般在 40~150 千克,脂肪层越厚,则发病率越高,尤其是一些专业户饲养的猪,育成猪体重要到 125 千克左右才上市,这类育成猪发病率更高。规模猪场一般在保育猪至育成猪的中猪阶段发病率和死亡率较高。

5. 药物治疗效果不太理想 大部分发病猪在使用了强力霉素、泰乐菌素、青霉素、阿莫西林与磺胺类药物以及复方氨基比林、安乃近等退热药后,体温暂时下降,但往往经 2~3 天体温又上升到原来的水平,有部分病猪治疗后仍高热不退。

（二）临床症状

猪高热病主要发生于 13～25 周龄的育成猪,病猪精神沉郁,采食量下降,发病严重者,食欲废绝。起初个别猪只发热,随后迅速传播至大部分猪群,体温升高至 41℃～42.5℃ 呈稽留热,出现个别猪突然死亡;患猪呼吸困难,喜伏卧,部分猪出现严重的腹式呼吸,气喘急促,有的表现喘气或呈不规则呼吸;部分病猪流鼻涕、打喷嚏、咳嗽、眼分泌物增多,出现结膜炎症状;部分猪群便秘,粪便秘结,呈球状,个别猪有腹泻现象;尿量少、浑浊,颜色加深;病猪迅速消瘦,病程稍长的病猪全身苍白,出现贫血现象,被毛粗乱,有的则全身黄染;个别病猪耳后耳缘发绀、腹下和四肢末梢等处皮肤有斑块状,呈紫红色;病猪使用退热药物后症状有所缓解、但停药后往往复发。个别病猪濒死前不能站立,最后全身抽搐而死。发病猪群死亡率很高,有的甚至高达 50% 以上。部分母猪在妊娠后期(100～110 天)出现流产,产死胎、弱仔和木乃伊胎。

（三）病理剖检变化

所有病死猪均出现不同程度的肺炎变化,剖检可见以下症状。

一是弥漫性间质性肺炎,肺肿胀、硬变,呈不能萎缩的橡皮状肺,病猪肺部有不同程度的混合感染,花斑样病变(斑驳状褐色大理石样),部分猪肺膈叶的腹侧呈现紫红色或灰红色,个别肺有化脓灶。

二是淋巴结广泛肿大,特别是肺门淋巴结及纵隔淋巴结肿大、充血甚至出血。

三是多发性浆液纤维素性胸膜炎和腹膜炎(胸腔、腹腔有很多纤维蛋白渗出,并造成粘连)肺浆膜与胸膜或心包发生纤维素性粘连,个别猪心肌与心包粘连。

四是有些肺部病变与猪支原体肺炎相类似或肺片状出血。

五是有的病死猪肝脏肿胀,颜色变淡,有的肝脏则变硬、质脆,呈土黄色,个别病猪心冠状沟脂肪及心内外膜、肾脏、膀胱、喉头有出血点;多数死亡猪有轻度胃溃疡;肾肿大,颜色变深,呈褐色,有淤血现象。

六是部分病死猪脾脏肿大,颜色变黑质脆,触摸易破碎;脾脏边缘或表面出现梗死灶。

(四)病因分析

第一,根据农业部 2007 年 3 月关于《高致病性猪蓝耳病防治技术规范》中病原学指标规定,高致病性猪蓝耳病病毒分离鉴定阳性或高致病性蓝耳病病毒反转录—聚合酶链式反应(RT-PCR)检测阳性,即可确诊为高致病性猪蓝耳病。因此,猪高热病的病原主要为高致病性猪蓝耳病病毒,同时可能发生细菌、支原体属(包括肺炎支原体、附红细胞体)、寄生虫(弓形虫等)的混合感染或继发感染。细菌感染较为复杂,真菌毒素的危害普遍存在,在病毒或真菌毒素、不良饲养条件等多个免疫抑制因素共同作用下,导致猪群免疫失败,引起急性、热性、高致病性和致死性的传染性疾病。猪瘟以及多种细菌的混合感染是导致病猪死亡严重的主要原因,而猪瘟的发生主要是由于猪繁殖与呼吸综合征病毒和猪圆环病毒引起猪瘟免疫失败。

第二,夏季和初秋气温较高,生长肥育猪脂肪层相对较厚,散热困难,而大部分养猪场和养猪户的猪舍饲养密度过高、通风能力低,隔热条件差,造成猪容易发生热应激。另外,猪场频繁转群、混群,没有采用全进全出的饲养模式,日龄相差太大的猪只混群饲养、断奶日龄不一致,猪舍温差大、湿度高、有害气体含量高,往往也引起猪群发生应激反应,使猪群抵抗力下降。

第三,不重视猪群净化工作,猪群免疫和保健工作不够全面,疫病和营养等因素造成猪群免疫力和抵抗力下降,都可引起猪高热病的暴发和流行。

(五)防制措施

猪高热病防制的根本措施是加强管理。该病病因复杂,病猪一般愈后不良,防治上应坚持预防为主,通过加强饲养管理,搞好防暑降温工作,提前保健预防,加强消毒工作,对症治疗等措施,降低其发病率和死亡率。

第一,坚持自繁自养的原则,防止购入隐性感染猪。

第二,重视猪群的饲养管理工作,尽量减少各种应激。

一是夏天应做好防暑降温工作,尽量降低猪舍温度,营造一个凉爽、洁净、安静的小气候环境。育成舍安装大功率电风扇,猪舍门窗应全部打开,让空气对流。在生长和育成猪舍的露天运动场上搭建凉棚,铺设遮阳网,气温较高时用冷水冲洗猪体或加装喷雾装置,每天喷洒 4~6 次;有条件的猪场可安装水帘降温系统,一般舍温可降低 5℃左右。

二是做好猪舍周围环境的绿化工作,有效调节猪场环境小气候,降低环境温度。

三是夏天应降低饲养密度。生长猪每头应有 0.8 平方米以上的生活空间,育成舍最好为 1.2 平方米。猪栏面积不要过大,一般 10～14 平方米大小,每栏猪的数量最好在 10～12 头,保持合理的饲养密度和降温可有效地控制猪高热病和其他呼吸道疾病的发生。

四是从分娩、保育到生长育成均严格采用"全进全出"的饲养方式,尽量减少猪群转栏和混群的次数,在每批猪出栏后猪舍须经严格冲洗、消毒,空置 15 天后再转入新的猪群。

五是充分重视猪场的清洁卫生和消毒工作,将卫生消毒工作落实到猪场管理的各个环节,最大限度地控制病原的传入和传播。猪舍及环境均须定期消毒,减少病原微生物的存在。由于病毒对普通消毒剂不敏感,特别是猪圆环病毒,一般消毒剂对它不起作用,消毒时应选择合适的消毒剂。

第三,认真做好猪群各项保健工作。该病重在预防,当猪群大规模发病时,治疗效果一般不理想。应在疫病未发生之前在饲料或饮水中添加抗生素进行预防性投药。当疫病发生时,应及早采取措施,投药对病猪进行治疗,以减少细菌二次感染引起的死亡。针对细菌和支原体进行抗菌药物治疗可减少损失。猪场可根据本场情况采用联合用药的办法,制定本场的预防保健用药计划,最好从母猪就开始保健来控制细菌性疫病。

一是提高饲料中维生素的添加量。在炎热高温的天气或猪群转栏、注射疫苗时,应在饮水中添加电解多维等抗应激药物,尽量降低因应激导致猪群抵抗力下降而发病的机会。

二是饲喂一定量的抗生素。哺乳母猪,可在母猪分娩前、后各 1 周的母猪料中添加抗生素,减少母猪排出病菌污染分娩舍,切断疾病从母猪到仔猪的水平传播。断奶仔猪,仔猪断奶前 1 周至断奶后 4 周的仔猪料中添加抗生素,切断仔猪与仔猪间疾病的水平传播。

三是定期驱虫。蛔虫、鞭虫、线虫等内寄生虫,损害机体免疫系统,使猪群抵抗力下降。蛔虫幼虫经肺移行和肺丝虫都会加重呼吸道病的病症,所以配合药物驱虫对控制本病发展有一定作用,应在断奶仔猪转入保育舍 2 周后,选择对体内外寄生虫效果明显的驱虫剂进行治疗。

四是做好免疫工作。结合各猪场的实际情况,选择合适的疫苗和免疫程序,做好猪瘟、猪繁殖与呼吸综合征(蓝耳病)、伪狂犬、萎缩性鼻炎等疫苗的免疫注射工作,尽量减少能导致猪发生呼吸道疾病的原因。

五是防治霉菌毒素危害。猪只长期摄入霉菌毒素可使机体的免疫功能和抵抗力降低,较容易发生本病。因此在该病的高发期和雨季或湿度高的季节,

猪饲料中应加入防霉剂,防止饲料中的霉菌毒素危害猪群的健康。

（萧山区农业局金彪,靖江镇凌忠泉,义蓬镇韩雪昌）

三十二、仔猪早期断奶饲养管理技术要点

仔猪早期断奶是现代养猪生产中挖掘母猪生产潜能、提高养猪经济效益的有效措施。经过多年实践,逐步摸索出一整套21～25日龄仔猪的早期断奶技术。由于仔猪断奶后生长速度加快,对饲养管理要求比较高,因此在整个哺乳和保育期均要实行配套管理。

（一）加强妊娠和哺乳猪的饲养管理

加强妊娠猪的饲养管理是获得健康体壮仔猪的基础,因此妊娠猪在受胎80天后应加强饲养,日粮应在2.5千克以上,同时注意产前降料和母猪哺乳期的营养,保证奶量充足,使仔猪能良好地生长发育。实施仔猪早期断奶需要有比较好的圈舍设施和环境卫生条件,产房最好为高床饲养,设有保温箱、防压栏和自动饮水器等,能充分保证仔猪哺乳期和断奶后的适宜温、湿度,初生温度保持在35℃,1～3日龄30℃～32℃,4～7日龄28℃～30℃,8～15日龄25℃～28℃,15～25日龄25℃。仔猪生长环境要求卫生干燥,空气清新,消毒、防病等措施得力,断奶后能提供适口且营养全面的饲粮。

（二）哺乳期饲养管理要点

1. 抓开食 哺乳仔猪在2～4周龄时,母乳所提供的营养物质已不能满足其生长需要,因此要在5～7日龄时就开始诱食训练或人工辅助补料,即任其自由采食,每天将仔猪赶入补料间几次或强制性地给猪喂几粒,便可使其吃料。要注意诱食料的适口性和营养水平,粗蛋白质应保持在20%～24%,赖氨酸1.23%～1.58%;同时,提供充足的饮水,每天上、下午选择适宜的仔猪全价料撒在仔猪圈内诱食。饲料要新鲜清洁,定点投放,补料次数:5～7日龄仔猪人工驯料每日2～4次,上、下午各1～2次;以后将料放在补料盆内,让仔猪习惯后自行在补料盆内采食,上、下午各补饲1次。坚持少喂勤添,数量由少到多的原则,开始时每头每天5～10克,以后15～50克,逐渐增加,以基本吃完、少浪费为度。另外,要保证清洁饮水,冬季最好用温水。

2. 抓旺食 母猪产后3周时达到泌乳高峰,以后逐渐下降,这时单靠母乳不能完全满足仔猪快速生长需要,仔猪必须采食乳猪料来满足生长需要。

开食后,随着消化功能的逐渐完善,体重增加,采食量也不断提高,此时是加速仔猪生长的关键时期,要抓好仔猪这一时期的旺食,选择适口性、消化性好、营养浓度高的乳猪料来满足其生长需要。除白天加强补饲、增加饲喂次数外,凌晨1时左右再加喂1次,充分满足仔猪生长需要,提高早期断奶仔猪的体重和整齐度,饲喂量以第二次喂时吃完为度,同时注意保持料槽的清洁卫生,每天早上第一次加料时要清槽。

3. 抓补铁 初生仔猪容易发生缺铁性贫血,为防止仔猪缺铁性贫血,给早期断奶带来影响,仔猪出生后2~3日龄时肌内注射富铁力或牲血素,有的还需要补硒;同时注意寄养和并窝,将大小一致的仔猪放至一窝饲养及人工辅助喂奶和固定乳头等工作。7~10日龄重复补铁1次。新生仔猪要在24小时内完成称重、剪牙、断尾。

(三)断奶后饲养管理要点

仔猪断奶期是整个生长过程中非常重要的一个阶段,抓好该阶段的饲养管理将有效提高整猪的生长性能,主要从以下几个方面着手。

1. 移母不移仔 在断奶前3天就逐渐控制母猪的喂料量,要一餐比一餐少,以减少母猪的乳汁分泌,促进仔猪采食,同时也可以防止母猪乳房炎的发生。断奶应采取赶母留仔的方法,并让仔猪在原圈饲喂1周以上。断奶要与免疫接种和阉割相分开,断奶前、后5天不应有其他应激发生。断奶后不要进行调群重组,生病期间不宜断奶,否则加重病情。同时,断奶前后加喂3天人工盐加维生素C以减少应激。对在断奶日龄时达不到规定体重,或环境及饲喂技术条件差的不应强行断奶,对实行同一栋猪舍批次断奶的,可采取将个别生长发育不好的仔猪集中让一头性情温驯、泌乳性能好的母猪续哺。

2. 保持适宜的环境温度 断奶仔猪对低温非常敏感,保持舍内适宜的温度是实行仔猪早期断奶的首要条件,断奶仔猪适宜的环境温度为26℃~28℃。为了能保持上述的温度,冬季要采取保温措施,除注意猪舍防风保温和增加舍内养猪头数保持舍温外,一般须安装紫外线灯、水暖地板或暖风炉等取暖设备。在炎热的夏季则要防暑降温,可采取喷雾、淋浴、通风等降温方法。断奶仔猪舍适宜的空气相对湿度为65%~70%。

3. 自由采食 断奶仔猪采用自由采食,初期日喂6~7次,头2天控制喂量,防治仔猪腹泻。1月龄后定时不定量,少给勤添,每次饲喂以料槽吃干净为原则,采食时间20~30分钟。保持充足的饮水。

4. 地面干燥 潮湿的地面使体温散失增加,原本热量不足的仔猪更易着

凉和体温下降,因此应尽量减少冲洗次数。

5. 通风换气 猪舍空气中的有害气体对猪的毒害作用具有长期性、连续性和累加性。对栏舍内粪尿等有机物要及时清除处理,减少氨气、硫化氢等有害气体的产生,注意舍内通风换气,保持空气清新。

6. 调教管理 新断奶转群的仔猪吃食、卧位、饮水、排泄区尚未形成固定位置,要加强调教训练,使其形成理想的睡卧区和排泄区。训练的方法是:排泄区的粪便暂不清扫,诱导仔猪来排泄。其他区的粪便则应及时清除干净。当仔猪活动时对不到指定地点排泄的仔猪用小棍轰赶并加以训斥。当仔猪睡卧时,可定时轰赶到固定区排泄,经过 1 周的训练,可建立起定点卧睡和排泄的条件反射。

(四)防疫、驱虫

在断奶饲养阶段,必须每天仔细观察猪群,发现病猪及时治疗,定期消毒,尽可能减少人员出入,并完成各种传染病疫苗的免疫接种。

1. 程序免疫 每个养殖场必须有自己的免疫程序,受猪瘟威胁严重的场,要求实行乳前免疫,仔猪产出后吃奶前,立即使用猪瘟弱毒疫苗进行免疫,即仔猪生后每头肌内注射猪瘟弱毒疫苗 1 头份,免疫后半小时才能让仔猪吮吸初乳,注意必须由专人看管临产母猪,及时接生仔猪,擦干净后放到仔猪栏内,一定不能让仔猪在免疫前吃到母乳,否则由于母源抗体的干扰,易导致乳前免疫失败。不实施乳前免疫场的一般免疫程序为:2~3 日龄伪狂犬病疫苗每头滴鼻 0.6 毫升,20~25 日龄首免猪瘟疫苗 2~4 头份,25 日龄肌内注射高致病性猪蓝耳病疫苗 2 毫升,45 日龄肌内注射伪狂犬病疫苗 1.5 头份,60~65 日龄二免猪瘟 2~4 头份和口蹄疫疫苗 2 毫升,90 日龄二免口蹄疫疫苗 2 毫升。实行乳前免疫的除 20~25 日龄猪瘟可以不免外,其他疫苗与一般免疫程序相同。

2. 驱虫 各种疫苗接种结束,待猪只一切正常后,对猪驱除体内外寄生虫。可选用阿维菌素、伊维菌素、左旋咪唑、敌百虫等。驱虫 1 次后过 1 周左右再驱虫 1 次,也可更换不同驱虫药。驱虫时必须及时清除粪便(或冲刷栏舍)防止排出体外的线虫和虫卵被猪吞食,影响驱虫效果。驱虫后再消毒 1 次则效果更好。

仔猪保育阶段是猪场能否取得良好经济效益的一个关键时期,同时也是猪群易感病的高发期,这个阶段不但要保证仔猪安全稳定地完成断奶转群,还要为生长肥育打下良好的基础。实际生产中,要严格按照标准化养猪模式生产,完善兽医监管制度,提高饲养人员业务素质,依靠先进的管理经验及技术,才能创造更大的效益。

（萧山区农业局盛达棋、韩水永）

三十三、因地制宜发展湖羊生产

新街镇地处钱塘江南岸，属滩涂垦区，一年四季气候温和，雨量充沛，土壤疏松，夜潮润泽，因此十分适宜各类花木的栽种，全镇苗木种植面积达0.44万公顷(6.67万亩)，为新街农业的特色优势产业。在花卉苗木业发展的同时，由于修剪出现了大量的植被草料，为养羊业的发展提供了有利条件。利用修剪下来的植被草料办湖羊饲养场，效益很好。该镇农户沈忠华在顺坝围垦区建立羊场，于2005年引进种羊300只，2006年底存栏1050只，出栏300余只，产值40万元。2007年存栏湖羊近2000只。

湖羊是我国特有的羔、皮、肉兼用的绵羊品种。近几年，由于人民收入水平的提高和消费方式的改变，羊肉以细嫩、多汁、味美、营养丰富、胆固醇含量低等特点深受消费者的青睐，羊肉已成为广大城乡居民餐桌上不可缺少的食品之一，需求呈扩大趋势。因此，发展湖羊养殖大有可为。

（一）羊　舍

羊场采用封闭式圈养，羊舍要求通风、干燥，按每头羊2平方米设计栏舍面积。羊床主要采用竹床漏缝式离地栅养，架空80～100厘米，板间留出1～1.5厘米空隙，羊在竹床上面，排下来的粪便直接通过竹床的竹板之间的缝隙漏下去，这样既便于粪便的清理，又保持了羊圈卫生，收集起来的羊粪直接卖给周边的苗农，是苗木较好的有机肥料。2006年该户仅羊粪收入就有2万多元。

（二）饲　料

羊饲料主要是绿化地上修剪来的草料和附近农作物秸秆，另加少量黑麦草、中药渣、花生壳以及豆腐渣、米糠等，现收现用。在秋季就做好当年冬季的草料贮备，与园林企业联系好修剪地，将修剪下来的枝叶经晾干后打包贮藏，当冬季草枯、牧草营养下降时，动用储备草料饲喂。对正在发育的幼龄羊、妊娠期和哺乳期的成年母羊进行适当补饲。

（三）饲养管理

1. 种羊的选择 选择场内生长速度快、产肉性能好、体型大而丰满的羊作种羊。

2. 繁殖技术 湖羊一般是春季 4～5 月配种，秋季 9～10 月产羔，或秋季 9～10 月配种，翌年的春季 2～3 月产羔。当公羊 8 月龄以上、母羊 6 月龄以上时进行混群，自然交配，自行繁殖。

3. 防病技术

（1）定期消毒 为了减少病原微生物的孳生和传播，要定期对羊舍、用具等进行消毒。羊舍常用石灰乳或漂白粉消毒，用具用百毒杀浸泡消毒。

（2）做好免疫接种工作 羊常规免疫是 3 月份和 9 月份注射四联疫苗（羊快疫、羊猝疽、羊肠毒血症、羔羊痢疾）各 1 次；4 月份和 10 月份注射羊亚洲 I 型-O 型双价口蹄疫灭活苗各 1 次；5 月份注射羊痘弱毒冻干苗 1 次。免疫由镇兽医站在春、秋季专门安排时间、人员进行统一免疫，并对免疫羊只打上免疫耳标，以保证羊的免疫率。

（3）定期驱虫 定期对羊进行驱虫，一般在每年的 3～4 月份及 12 月份至翌年 1 月份各安排 1 次，用丙硫咪唑、左旋咪唑或伊维菌素交替使用。夏季高温来临前剪毛 1 次。

（四）存在问题

养羊业的发展主要有以下几个限制因素：一是饲养技术和经验还不足，生产水平还比较低；二是肉羊生产和繁殖还缺乏一整套的繁育体系；三是资金和科技投入少，基础设施差；四是生产经营方式落后，组织化程度低。

（新街镇郑志鑫、朱海军，萧山区农业局杜勐侃）

三十四、梅花鹿的饲养管理技术

梅花鹿是人们熟知的食草动物，全身都是宝，鹿茸被称为东北三宝之一，早在明代李时珍的《本草纲目》中就记载了"鹿茸具有生精补髓，养血益阳，强筋健骨、益气强志"的功效；鹿肉、鹿茸血、鹿鞭、鹿胎、鹿心等也都具有很好的食用、药用、保健功能，其中鹿肉以其高蛋白质、低脂肪、低胆固醇而被称为21世纪的健康食品，特别适合老年人食用。

目前在浙西山区仍有野生梅花鹿种群在活动，因此梅花鹿完全适应浙江的气候条件。杭州绿宇鹿业有限公司从2005年开始从东北引进双阳梅花鹿进行饲养、繁殖,成功摸索出了一条养殖梅花鹿的新路子。

(一)品种选择

选择优良的品种进行饲养十分重要。绿宇公司选择的是双阳品种,该品种具有体型大、产量高、食性杂、耐粗饲、抗病力强、适应性强等特点。据测定,双阳鹿成年公鹿一般体高101~111厘米,体长103~113厘米,7岁以上公鹿平均体重138千克;母鹿体高88~94厘米,体长94~100厘米,成年体重68~81千克。产茸性能1~10锯公鹿鲜茸平均单产量2.9千克,产茸最佳年龄为7龄,鲜茸重3千克以上的公鹿占58%。单产纪录为头锯三杈鲜重4.2千克,三锯三杈鲜重7.3千克,五锯三杈鲜重8.3千克,八锯三杈鲜重15千克。

双阳品种繁殖性能也较强,育成母鹿受胎率为84%左右,繁殖成活率约71%;成年母鹿受胎约91%,繁殖成活率约82%。双阳梅花鹿还具有鹿茸主干粗长上冲,嘴头肥大,成年鹿产茸一等品可达93%以上,体现了产量高、质量好的优点。

在种鹿引进时,应充分考虑今后鹿场发展和经济效益之间的关系,因为梅花鹿只有公鹿每年会产茸,而母鹿只会生小鹿,在经济效益的体现上,公鹿无疑会更高。但鹿场要发展,势必要扩大种群。经测算,公鹿和母鹿种鹿比以6:4左右为宜。

(二)鹿场选址

养鹿场的场地选择合理与否,直接影响到鹿场的发展和经营管理的质量,在很大程度上决定鹿场的经济效益。鹿喜欢栖息于寂静而又隐蔽的场所,鹿场的地形应当是地势比较平坦,稍有向南或东南倾斜的小坡度,这样便于排水和保持场地干燥。要避开喧闹、噪声、污染的环境,在背风、向阳、有利于排水、土质坚实、透水性好、无污染的砂质壤土上建造最好。鹿场应有足够的土地面积和长期可靠的饲料基地。完全圈养的梅花鹿每年每只平均需要精饲料350~400千克,需要粗饲料1 200~1 500千克。鹿场内水源必须充足,水质良好,无污染。鹿场交通要便利,以保证及时供应饲料和其他物质。鹿场应远离牛羊圈舍和居民区,以减少疫病的发生和惊吓。绿宇公司选用衢前镇的凤凰山麓作为鹿场。这样,既有利于节约土地资源和租地成本,也有利于梅花鹿的生息繁衍。

（三）鹿场建设

根据所选场址的实际情况，包括地形、风向、周围环境、发展规划、经营性质等来确定规划，合理布局，一般分为生产区、饲料加工区、管理区、生活区等四大区块，以生产区为核心，充分考虑生产作业的流程、物资的流向、废弃物的清运等。

鹿舍是生产区的主体，最好坐北朝南。圈舍建筑面积可根据地形而定，一般长 14～20 米，宽 5～6 米；运动场长 25～30 米，宽 14～20 米，这样大的鹿舍可养公鹿 20～30 只，或母鹿 15～20 只，或育成鹿 30～40 只，或仔鹿 45～65 只。种用价值高和生产性能高的壮年公鹿可单独设舍或扩大活动面积。鹿舍用三壁式砖瓦结构，"人"字形屋顶，房前檐距地面 2.1～2.2 米，后檐高度为 1.8 米左右。棚舍后墙留有通风窗，春、夏、秋季打开，冬季封严。鹿舍内的地面应前低后高，最低点应比运动场高 3～5 厘米，前檐下要建排水沟，以防前檐滴水流入舍内。鹿舍的建筑应经济实用，坚固持久，因地制宜，充分利用当地材料。墙壁应留有后窗，前面敞开式，寝床可用木板寝床，保温性能好，也可用砖、水泥砖铺地或用石灰、黏土、砂砾三合土夯实。运动场地面有砖铺、水泥、砂壤土等几种，最好以三合土或黏土作基地，然后再在其上加铺含沙较多的泥土，使鹿群不易挖掘。鹿舍四周用砖墙或钢质围栏围好，围墙高 2.5 米，墙要结实，坚固耐用，每间鹿舍设料槽和水槽。

根据梅花鹿饲料要求，应设粗饲料加工区和精饲料加工区，粗饲料加工主要设备是粉碎机、贮料槽和青贮设施等，即将采购回的玉米秸秆、青草等经粉碎后加工；精饲料加工则是将玉米、大豆等精料经粉碎贮存。

（四）饲养管理

由于夏季高温天气多，不利于梅花鹿的生长发育，故应做好防暑降温工作，可在运动场上张设黑遮阳棚，架设喷淋设备，人工喷水降温。在冬季结冰的天气，在运动场及鹿棚里，铺一些稻草等，既可以防冻，又可以防止梅花鹿因地面结冰而滑倒。

在梅花鹿的各个生长发育阶段，饲料配比应有一定的变化，如产茸前期应加大精饲料的配比，有利于提高产量；进入发情期，非种鹿要大大降减少精饲料直至不加精饲料，以防止雄鹿打斗；育成鹿和成年鹿应对饲料有所变化。在饲料的供应上，应考虑多样化，保证营养的全价性。本地不同季节有多种农作物废弃物可以利用，7～8 月份，正值玉米收获的时候，玉米秸秆可大量低价收购,鲜食或做成青贮备用。另外,大豆秸秆、花生藤、番茄藤等都是很好的青饲料,进入冬季,甘蔗大量上市,甘蔗梢头也是很好的饲料,把农作物废弃物利用起来,有利于降低饲养成本。

(五)生态建设

对于梅花鹿饲养中产生的粪便、饲料残渣,可以建沼气池进行处理、沼气可供职工生活之用;处理后的沼气渣是一种很好的有机肥料,可用于饲料种植基地的施肥,既节约了成本,也有利于饲草等作物的生长。

(六)经济效益

梅花鹿成年公鹿每年可采收鹿茸 2~3 次。公鹿出生后的翌年开始产茸,随着年龄的增长产量逐年增加,至 7~8 岁时达到高峰,生产年龄可达 25 岁,也就是说 1 头公鹿可以有 25 年左右的生产力,以平均每年采收鲜茸 3 千克计算,1 头公鹿一生可产生效益 50 万元左右,除去购鹿成本 1.5 万元,每年饲养成本 1 000 元,计 2.5 万元,可实现利润 46 万元,每年约可产生毛利 1.84 万元。1 个养殖 150 头梅花鹿的养殖场,约 3 年可收回投资。

每年的 5~6 月份是鹿茸采收和小鹿生产的最佳时机。绿宇公司 2007 年 8 月份,收获鲜三权茸 146 千克,鲜二权茸 285 千克,鹿茸血酒 200 千克,生产小鹿 89 头,实现产值 450 多万元。

虽然梅花鹿的养殖比较粗放,经济效益较好,但前期投入较大,有一定风险。要注意:一是在养殖中要进行科学和标准化饲养,做好疫病防治工作;二是在养殖前要进行市场调查,联系好产品的销售渠道,再进行产品的开发,做到适销对路,不可盲目投资。

(杭州绿宇鹿业有限公司万里鹏)

三十五、野鸭驯养繁殖技术

野鸭具有适应性强、食性广、耐粗饲、疾病少、容易饲养等特性,野鸭肉富含人体必需的氨基酸、脂肪酸和多种微量元素,且肉质细嫩,美味可口,是野味中的上品。自 20 世纪 90 年代,萧山农民经多年的努力,成功繁育出以野生野鸭与萧山本地媒鸭杂交的杂交野鸭,从此,具有萧山特色的野鸭进入了产业化生产阶段,如新塘街道的钱江野鸭驯养繁殖场和蓝天野鸭驯养繁殖场,利用野生资源,实行综合开发,取得较好的经济效益。钱江野鸭驯养繁殖场联合 27

户基地农户,每年可向市场提供商品野鸭250万只左右,形成繁殖、驯养、销售一条龙产业链,带动农户共同致富。

(一)鸭舍建造

根据野鸭的生活习性,应选择在偏僻、安静、有稳定水源、有阳光、防疫条件较好的地方建场,可以在池塘或河道边搭建半水半旱的圈棚,也可以采用水禽旱养模式。后种模式远离池塘和河流,水面和陆面的比例为1:1,人工建造的水上活动场水深要求在30~40厘米,且与陆地间有30°的缓坡,便于鸭子上下坡,坡可用石子堆成或水泥砌成,在运动场周围和顶部要加尼龙网,网眼2厘米×2厘米,网高不低于2.5米。鸭舍要求清洁、干燥。

(二)种野鸭的来源

种野鸭一般采用野外诱捕法,在钱塘江边或围垦等野生水禽栖息地,设置一个网兜,里面放若干只本地媒鸭,引诱野鸭前来作伴,伺机收网捕获。野鸭属省级保护动物,因此从事野鸭生产经营者必须获得县级以上林业部门核准的《陆生野生动物驯养繁殖许可证》、《陆生野生动物经营利用核准证》,根据核准数量和规模进行合法捕获。

(三)种野鸭的挑选和饲养管理

1. 挑 选

(1)种公鸭的挑选 从诱捕来的公野鸭中选留头大,颈粗且中等长,喙宽而直,胸部饱满向前突出,腹深但不垂地,脚粗而短,两脚间距宽,体型大,头部和颈上部的羽毛鲜明的翠绿色光泽,雄性羽发达,明显向背部弯曲的公鸭,其余放归大自然。

(2)种母鸭的挑选 在野生野鸭与萧山本地媒鸭杂交的后代母鸭中选留头部清秀,颈细长,眼大明亮,体躯长、宽且深,前胸饱满,两趾骨间距短、末端柔而薄,喙、颈蹼的色泽佳,羽毛紧密贴身,体型匀称,活泼好动,觅食能力强。

2. 饲养管理 8~20周龄为后备种鸭,后备种野鸭应实行适当限饲(前期与商品野鸭相同),限饲结束时比同群不限饲的野鸭群平均体重减少10%左右;20~26周龄让其自由采食含16%粗蛋白质全价饲料;26~28周龄为种母鸭的产蛋期,产蛋鸭代谢旺盛,应尽量满足其营养物质的需要,以充分发挥产蛋能力,日粮中粗蛋白质含量应达到18%~20%,并添加足够的矿物质和微量元素,稳定饲养环境和饲养条件,减少各种应激因素。

3. 繁殖管理

种母鸭的利用年限一般为 2 ~ 3 年,第二年产蛋量最高,第一年和第三年的产蛋量次之。种公鸭的利用年限一般为 2 年。

野鸭的繁殖季节性很强。3 ~ 6 月份是野鸭第一个产蛋高峰期,产蛋量占全年产蛋量的 70% ~ 80%,这时的种蛋受精率与孵化率均较高。第二个产蛋高峰在 9 ~ 11 月份,产蛋量占全年的 20% ~ 30%,受精率与孵化率均比前者低。因此,要在 11 月份将挑选好的种公鸭和种母鸭以 1:5 的比例圈养,融洽关系。

野鸭的孵化期与家鸭同,都是 27 ~ 28 天,因此孵化器具也与家养鸭相同,但因野鸭蛋个体较小,孵化温度略比家鸭要低 0.5℃,并要求变温孵化,以刺激胚胎发育。另外,在孵化后期要增加晾蛋、喷水次数,以提高孵化率和出雏率。

(四)商品野鸭的饲养管理

1. 育雏期饲养管理 野鸭育雏期是指出壳至 6 周龄的雏鸭,此阶段饲养管理对于雏鸭的成活率很重要。

(1)进雏准备 进雏前要对育雏舍进行彻底的清洗、消毒工作,场地清洁后用百毒杀等消毒药水喷雾消毒,每立方米空间用福尔马林 28 毫升与高锰酸钾 14 克的比例混合熏蒸消毒,封闭鸭舍 24 小时,打开门窗通风,7 天后进雏,进雏前 1 天将舍温提高到 32℃。

(2)育雏温度 温度是提高野鸭育雏成活率的关键。1 ~ 3 天 32℃ ~ 35℃,以后每 2 天降低 2℃ ~ 3℃,随着日龄的增加而逐渐降温,直至降至自然温度,切勿时高时低。

(3)湿度 育雏期舍内空气相对湿度要求 60% ~ 65%。过高,会使雏鸭羽毛潮湿,影响鸭体散热;过低,则舍内空气干燥,灰尘多,易引发雏鸭呼吸道疾病。

(4)光照 1 ~ 3 日龄采用 24 小时光照,4 ~ 10 日龄 16 小时光照。光照强度为每 20 平方米:第一周为 60 瓦白炽灯 1 支,第二周为 40 瓦白炽灯 1 支,第三周为自然光。

(5)通风换气 育雏舍内二氧化碳、氨气、硫化氢等有毒有害气体含量较高,须增加舍内氧气的含量。要在保证育雏舍温度的前提下,加强通风,通风口应在育雏舍的上顶部,避免冷风直吹鸭群。

(6)饮水 雏鸭孵出后 24 小时之内,进入育雏舍 30 分钟后,先喂 0.01%

的高锰酸钾水。如果经长途运输的雏鸭,可先喂5%葡萄糖水,水温在25℃左右,后饮温开水,10天后再饮常温水。水质要清洁,饮水要充足,饮水器具每天应清洗1次。7日龄后的苗鸭要适时放水,每天把苗鸭赶入活动水池中30分钟左右,然后出水到运动场内,待羽毛晾干后进育雏舍。

(7)开食 雏鸭饮水后1~2小时即可开食。开食料可用夹生米饭或小米(也可用全价料)放在料盘中,用温开水拌湿,让其自由采食。投料要做到少给勤添,以防湿拌料在育雏舍高温环境下变质,影响适口性和营养价值。

(8)饲养密度 平养密度每平方米为:1周龄内30只,1~2周龄25~30只,3~6周龄15~20只。密度过大会影响野鸭的生长发育,导致僵鸭或挤压死亡;密度过小则会增加饲养成本。

(9)疾病防治 野鸭对疾病的抵抗力很强,但饲养不当也会导致疾病的发生,主要需预防禽流感、大肠杆菌病、鸭瘟等疾病。放食时用青霉素对水饮用;10~14日龄首免禽流感疫苗,皮下注射0.7毫升;20日龄首免鸭瘟疫苗1头份,35日龄二免禽流感疫苗1毫升。雏鸭对霉菌较为敏感,尤其是夏季,一旦环境或饲料被霉菌污染时极易造成雏鸭大批死亡,因此必须搞好鸭舍环境卫生,加强通风,保持干燥,饲喂用具要每天清洗,严禁使用变质的饲料,对感染的雏鸭要及时处理。

2. 生长期的饲养管理 生长期是指40~90日龄,是野鸭体重增加的关键时期,这一阶段的饲养管理会直接影响种鸭的质量和商品鸭的产肉率。生长期的野鸭应增加舍内、户外活动,保证野鸭有充足的时间在水面嬉水,让其自由采食,40~60日龄实行限制饲喂,适当减少蛋白质饲料和能量饲料,增加糠、麸类饲料和水草、青饲料等粗饲料,使野鸭少长脂肪,多长瘦肉,促使野鸭野性勃发而增加野味。

(五)上 市

在90日龄左右上市较为经济,但以120日龄以上的野味较浓,可根据市场需求自行调整。

(新塘街道裘慧波、丁海明)

三十六、灰雁人工饲养技术

戴村镇位于萧山区西南,水域资源较为丰富,具有得天独厚的养殖水禽的自然环境,因此,水禽养殖业成为了该区域的传统产业。2002年11月,戴村何氏珍禽养殖场从武汉兆丰农科所高科技园引进灰雁 10 组进行人工驯养繁育,2006 年饲养量 11 000 羽,总产值 220 万元,而 1 只灰雁从出壳至出售投入成本约 80 元,经济效益比较可观。

灰雁俗称大雁、灰天鹅、野鹅、天鹅,具有抗高温、耐严寒、抗病率强、成活率高、易饲养、繁育生长速度快等特性,以食草为主、肌肉丰满、肉质鲜美、野味足、营养丰富,是高、中档宾馆饭店的特有佳肴。

(一)场址选择

雁舍的选址要符合动物防疫要求,由于灰雁饲养管理要求比较粗放,可以搭建简易棚舍,但必须有宽敞的运动场地和栖水池,场地四周可用栅栏与外界隔离,同时需要有配套的牧场种植场地,有条件的可利用冬闲田、荒坡杂地等放牧。

(二)繁育技术

1. 种蛋选择 冬季产下 15 天内,其他季节产下 7 天内,大小适中、蛋壳光滑、无破损的受精蛋作为种蛋。

2. 种蛋消毒 用薰蒸法,在密闭容器中每立方米用福尔马林 30 毫升、高锰酸钾 15 克熏蒸,保持时间 20 ~ 30 分钟。

3. 人工孵化 以电孵箱孵化最理想,具有省工省时、操作步骤简单、温湿度易控制、出壳率高等优点。大雁的孵化期 28 ~ 31 天。

(1)温度 1 ~ 6 天为 37.8℃ ~ 38.2℃,7 ~ 18 天为 37.5℃ ~ 37.8℃,19 ~ 29 天为 37.3℃ ~ 37.5℃,出雏时降低至 36.5℃ ~ 37℃。

(2)湿度 要求按"二低一高"原则,即前期 60%,中期 50% ~ 58%,后期 70%。

(3)通风换气 胚胎在发育过程中,不断吸收氧气,排出二氧化碳和水分,入孵 7 天后要打开孵化箱门,留出 2/5 间隙通风。

(4)翻蛋 1 昼夜应翻蛋 4 ~ 6 次,23 天时要喷水 1 次,24 天后停止翻蛋。翻蛋的角度以 90° ~ 110°效果最好。

通过以上操作步骤孵化出雏雁体格健壮、成活率高。

(三)饲养管理

1. 雏雁期的饲养管理 4 周龄以内雁称雏雁,雏雁饲养一般以室内饲养为主。

（1）消毒　进雏前先对雏室消毒,可用百毒杀喷洒或甲醛、高锰酸钾熏蒸。经熏蒸消毒的需打开门窗 24 小时以上。

（2）温、湿度　雏室温度 1 周龄 29℃～27℃,2 周龄 27℃～25℃,3 周龄 25℃～22℃,4 周龄 22℃～19℃。雏室空气相对湿度控制在 60%～70% 为最好。

（3）饲养管理　雏雁出壳后 30～48 小时开食为宜。开食前先用 0.01% 的高锰酸钾溶液饮水,再用"夹生饭"搭配切碎的青叶饲喂,做到少食多餐,每天喂 6 次左右,逐渐过渡到喂小鸭全价料搭配青饲料,配比 1:2 过渡至 1:4。4 周龄后可以放牧饲养。

（4）防病　预防为主,1 周内注射小鹅瘟、乙肝疫苗,14 日龄注射禽流感疫苗。灰雁具有较强的抗病能力,一般情况只要做好预防工作不会发生较重的疾病。但应注意一些肠道疾病发生（如食用不清洁的青饲料等）,一旦发病,可用氟哌酸、恩诺沙星、禽炎康、阿托品等药物进行治疗。

2. 育肥雁的饲养管理　4 周后至出栏的饲养管理以放牧为主,青饲料不足可种植牧草,同时适当配喂一些谷物如玉米之类的精料,达到一定体重时可采用强制填肥,加快生长速度,达到提早上市,增加经济效益的目的。同时要继续做好免疫工作,35 日龄用禽流感疫苗二免,80 日龄三免。

3. 种用雁的饲养管理　母雁一般 120 日龄就能开产。为提高种用雁的生产水平,要在 70 日龄起就应采用限制饲喂措施,在开产前的 40～60 天内要少喂精饲料,多喂青饲料,加强运动,控制脂肪的沉积,促使母雁产蛋整齐,提高产蛋率和受精率。每只母雁每年平均产蛋 60～65 枚,受精率 80% 以上。

（戴村镇沈成正）

三十七、专业化生产蜂王浆管理技术

蜂王浆的专业化生产是我国养蜂业与西方养蜂业最显著的区别,也是我国蜂农提高养蜂经济效益的主要途径。王浆生产与气候、蜂种、群势、蜜粉源密切相关,每个生产环节都必须严格、细致把关。萧山蜂农经过多年的探索和实践,逐步摸索出一整套王浆高产生产管理技术,使王浆产量从 20 世纪 70 年代的每群不到 1 千克提高至现在的 10 千克左右,大大提高了蜂农的经济效益和社会效益。

（一）产浆群的组织

1. 大群产浆 即继箱产浆，是萧山蜂农普遍采用的方式。在春繁时，当平箱内蜂群的群势达到9～10框、工蜂满出箱外、出现蜂多于脾时，加上继箱生产王浆。要求选择产卵力旺盛的新王介入产浆群维持强群群势，使之长期稳定在8～10框子脾循环出房。为培育新王和向大群双向调节蜂王，一般应组织大群数9%～10%的交配群培育新王，为快速发展大群群势做好新王准备。

产浆大群一般须有11～13框巢脾（即巢箱7框、继箱4～6框），其中8～10框为子脾，2框为蜜脾，1框专供补饲粉脾，大流蜜后期花粉缺乏时须迅速补足。这种组织生产蜂群的方式最适宜小转地、定地饲养。也有少数蜂场用这种方式大转地饲养，长途运输时要适当打开巢门，使蜂群不受闷热，同时要留足饲料，开巢门运输会丢失一定的工蜂，但这样一到新场地，能保证子脾正常，群势不衰，王浆产量不跌。但王浆产量总量比定地、小转地饲养略低。

2. 小群产浆 即平箱产浆。平箱饲养也可产浆，将平箱群巢箱的中间用框式隔王板隔开，分隔成产卵区和产浆区，两区各4框，产卵区用一块小隔板隔开，产浆区不用小隔板。浆框放到产浆区中间，两边各2框巢脾。摇蜜期产浆区全部用蜜脾，产卵区用4框脾产卵；无蜜期，蜂王在产浆区和产卵区10天调换1次，这样8框全是子脾。平箱年群王浆产量也可达到5千克以上。

（二）移虫群的组织

移虫虫龄的大小与工蜂泌浆、王浆产量密切相关，养蜂人必须根据外界蜜粉源条件合理把握移虫虫龄的大小。产浆旺期虫长得快，可选15～20小时的幼虫。蜜、粉源缺乏期可选24小时的幼虫，以提高接受率。同一框移的虫龄大小一定要均匀。

蜂王浆专业化生产的蜂场应组织好移虫群，专供产浆用移虫。早春双王群快速繁殖成强群时，拆去部分双王群，组织双王小群。移虫群数占产浆群数的9%～10%。例如，1个有产浆大群100群的蜂场，可组织移虫双王小群9群，18只蜂王产卵，分成A、B、C 3组，每组3群，每天确保12框适龄虫脾供移虫专用。

在组织移虫群时，双王各提入1框大面积出房子脾放在大隔板两侧，让它出房保持群势。A、B、C 3组分3天依次加脾，每组有6只蜂王产卵，就分别加6框3年以上的老空脾，到第一次加脾的第四天A组就有6框四方形的整齐的移虫脾，A组移虫后的虫脾仍还A组。到第五天A组再加空脾6框产卵，

第五天下午取浆移虫的主虫脾是 B 组的 6 框,A 组的 6 框同时调出作为备用虫脾。移虫后,巢脾数量充足的蜂场,A 组的这 6 框备用虫脾可调入大群壮大群势;巢脾缺乏的蜂场可用喷雾器冲洗大小幼虫及卵子,重新作为空脾使用。第六天移虫的主虫脾是 C 组的 6 框,B 组的 6 框备用,依次循环。须注意的是每天 2 组的虫脾不能调错,第一次移虫的主虫脾仍还原移虫箱,第二次作为替补的备用虫脾移虫后调入大群哺育;加空脾时间要根据季节、冷脾(贮备的巢脾)和群内的热量而定,春季气温较低时空脾应在提出虫脾的当天 17 时加入;夏天气温较高时幼虫长得快,空脾应在翌日 7 时加入。若是冷脾,应在还虫脾的当天加在小隔板外让工蜂整理 1 夜,到翌日 7 时放到小隔板里面的第二框,因中间位置蜂王易产卵,到第四天下午移虫面积很大,幼虫正适龄。有些蜂场取浆移虫是上午进行的,那么空脾应在当天 17 时加入。实践证明,下午取浆产量比上午取浆高约 20%,一般提倡下午取浆。

(三)产浆群的管理

1. 精选良种　蜂种是蜂王浆高产的基础。王浆专业化生产蜂场必须引进浆型良种,如萧山高产浆蜂种在大流蜜期强群群次产浆可达 180 克以上,突出的在 200 克以上,引进王浆高产良种蜂王是达到王浆高产的首要条件。

2. 调整子脾　产浆大群的巢箱和继箱之间有隔王板隔离,继箱相当于一个无王群。将新封盖子脾提上继箱,工蜂就会把封盖子脾边上未封起的小幼虫房改造成自然王台。因此,把提上的新封盖子脾放在浆框边,符合工蜂急需造台育王的欲望,可大大提高浆框王台接受率,且在气温低、蜂数不足时可以多调上哺育蜂。春、秋季节气温较低时应提 2 框新封盖子脾保护浆框热量,夏天气温高提上 1 框新封盖子脾即可。10 天左右子脾出房后应及时从巢箱调上新封盖子脾,出房脾返还巢箱以供产卵。

3. 培养强群　强群是蜂王浆高产的关键。秋繁开始用同龄蜂王组成双王群,为翌年快速春繁打好基础。双王春繁的速度比单王快。从生产蜂王浆的效益看。单王群较双王群好。因此,"双王繁殖,单王产浆"是蜂王浆专业化生产的理想模式。产浆群应常年保持 12 框蜂以上的群势,巢箱 7 脾,继箱 5 脾,长期保持 7～8 框四方形子脾(巢箱 6～7 脾,继箱 1 脾)。产卵慢、产花子的蜂王,即使是当年新王也一律淘汰,迅速换上产卵快的新王,介入大群 50～60 天后可鉴定其王浆生产能力,将产量低的蜂王迅速淘汰再换上新王。蜂王应年年换新,老王不能常年保持强群。夏季气温高,老王产卵力下降,其至休产,应用产卵力旺盛的年轻蜂王换下老王,保持高温季节群势不下跌,蜂多于脾,王浆依然高产稳产。

4. 确保蜜、粉充足 蜜粉源是培养强群的物质保证,也是蜂产品生产的物质基础。在主要蜜粉源花期,养蜂场应抓住时机大量繁蜂。实践证明,这样做既获得了满意的强群,又不影响蜂蜜产量。无天然蜜粉源时期,群内缺粉少糖,要及时补足,最好加喂天然花粉;如果没有天然花粉,也可用黄豆粉配制成粉脾饲喂。粉脾配方:黄豆粉、蜂蜜、蔗糖按10:6:3比例配制。具体制法是黄豆炒至九成熟,用0.5毫米筛的磨粉机磨粉,按上述比例先加蜂蜜拌匀,将湿粉从孔径3毫米的筛上通过,形如花粉粒,再加蔗糖粉(1毫米筛的磨粉机磨成粉)充分拌匀灌脾,花粉灌足脾后用蜂蜜淋透,下面用大盆接住,浇至渗透巢房内的粉为止,以便工蜂捣实加工,不变质。粉脾放置在紧邻浆框的一侧。这样,浆框一侧为新封盖子脾,另一侧为粉脾,5~7天重新灌脾1次。群内缺糖时,应在夜间用糖浆奖饲,确保哺育蜂的营养供给,达到"无花不低产,落花不落群"的境界。

5. 控制巢内温、湿度 只有保持产浆区合适的温、湿度,才能调动适龄蜂到产浆区泌浆的积极性。气温高于35℃时,蜂箱应放在阴凉地方,或在蜂箱上空架起凉棚,注意通风,必要时可在箱盖外浇水降温,最好是在副盖上放一块湿毛巾。

(四)茶花期产浆措施

茶花是我国南方入秋以后一个优良的大宗蜜粉源,利用好茶花期,既能使王浆高产又能抓好秋繁,强壮越冬蜂群,为翌年的高产打下基础。茶花粉是春繁增强蜜蜂体质、预防控制蜂病(如白垩病)发生的首选饲料,茶花浆10-羟基癸烯酸(10-HAD)含量高于春浆。但茶花期蜂群容易烂子,因此,必须加强茶花期的饲养管理。

1. 提早进入茶花地 8月下旬蜂群提前到达茶花场地,从杂交晚稻抽穗扬花开始,培育一代子脾壮大群势。到10月初,除留下优质老王组织双王群外,其余全部换成新王双王群。这样,蜂王产卵积极,蜂势很强。

2. 勤喂稀糖水 蜜蜂幼虫不能有效利用茶花花蜜中所含较高的寡糖中的半乳糖成分,因而容易引起营养性生理障碍,导致烂子。为尽可能使哺育蜂少取食茶花蜜饲喂幼虫,每个强群每晚应用1:1.5的稀糖水喂1~1.5千克,浇在框梁上面,以迫使每只哺育工蜂都吸到糖浆。

在气温正常情况下,茶花期40天,大流蜜30天。若长期高温流蜜很好,

必须天天喂,如发现烂子,应增加喂糖水量,在框梁上多浇几次;低温多雨流蜜少时,可少喂。大流蜜期应及时摇蜜,每4~5天检查1次,蜜足的便抽摇。为防盗蜂,摇蜜须在蜜室内进行。继箱出房子脾应及时取蜜调入巢箱产卵。双王群巢箱要保持7~8张脾产卵。继箱浆框两侧应长期保留子脾,调节浆框昼夜温差,同时提高浆框王台接受率,使王浆高产、稳产。用5~7条33孔王浆高产台基条取浆,一直可取到11月中下旬。届时及时关王断子,待幼虫全部封盖后,停止喂糖水,同时停止取浆、脱粉,让蜂群采足花粉,离开茶花场地,供最后1代新蜂的营养需要,为翌年的春繁奠定好基础。

(杭州德兴蜂业有限公司杨国泉,坎山镇曹伟明)

第四部分 水 产 篇

三十八、罗氏沼虾均衡上市养殖技术

罗氏沼虾是一种淡水大虾,原产马来西亚,具有生长快、个体大、病害少等特点。闻堰镇养殖罗氏沼虾已有10多年的历史,养殖面积67公顷,一般667平方米产量300千克,产值6 000余元,利润2 000元左右。为进一步提高罗氏沼虾的养殖效益,通过实施设置温室大棚、提前放苗、轮捕套放、反季节销售等综合措施,使罗氏沼虾的养殖产量增加,销售季节拉长,经济效益提高,实现667平方米产量500千克、产值10 000元、利润5 000元的效果。

(一)罗氏沼虾苗种培育

每年引进罗氏沼虾幼苗2批。第一批苗种于3月底至4月初进入大棚培育,密度控制在每平方米5 000尾以内。饲养前期投喂蛋黄及鱼糜,每100万尾投熟蛋黄10个及用2千克左右的活鱼制成的鱼糜,每天投喂2次。后期投喂幼虾配合饲料,培育期内始终保持水质清新,溶氧充足,经锅炉加温后,水温保持18℃以上。经过30天左右的强化培育,体长可达2~3厘米,水温已稳定在20℃以上,可出池分批供池塘养殖。第二批苗种于5月初进入大棚开始培育,5月底培育成2~3厘米的罗氏沼虾幼苗,培育方法同上。

(二)商品虾的养殖

1. 清塘消毒 2月下旬至3月中旬全池撒施生石灰,用量每667平方米150千克左右。在放养前10~15天,再用青苔净进行全池泼洒,杀灭池塘中的青苔,防止青苔在苗种放养后生长而影响水质的培育。

2. 培肥池水 在放养前1周,全塘施发酵过的有机肥每667平方米50千克,然后池塘进水至80厘米左右,并根据池水肥瘦程度,池塘再泼洒复合肥或池塘挂袋投放发酵过的有机肥等,使池塘的水色为油绿色,透明度达到30厘米左右时,再放养虾苗。使放养的虾苗在比较丰富的饵料生物环境下培育,提高虾苗的成活率。

3. 合理放养 第一批苗种的放养在5月上旬,水温达到20℃以上时虾苗

在温室培育池中出苗,可放养于大池中,667 平方米放 5 万尾;第二批苗种的放养在 5 月底,具体根据天气和水质环境而定,平均 667 平方米放 5 万尾。在放养的前 1 天要用少量虾苗进行试水。

4. 调节水质　首先在放苗后,要定期加注新水。在 6 月份的雨季,则将池水保持在 1.5 米左右;到高温季节,将池水加至 1.8 ~ 2 米。当透明度低于 20 厘米或大于 40 厘米及有害藻类过量繁殖时,要及时进换池水,日换水量控制在 10 厘米左右,切忌大排大灌。其次是早期就开始使用生物制剂,使池塘有一个良好的生态环境。

5. 加强增氧　要合理使用增氧机,随着养殖周期的延长,特别是在高温季节,坚持晴天中午 12 时至下午 3 时开机 3 小时,凌晨 1 ~ 5 时开机 4 小时;阴天、雨天容易造成虾缺氧,则要提前或延长开机时间,或者全天开机。出现缺氧浮头时可施用化学增氧剂。

6. 合理投喂　早、晚投饲 2 次,经常检查吃食情况,一般以 2 小时左右吃完为宜。早期虾苗摄食相对较差时,一般适当增加投饲量,以 2 ~ 3 个小时吃完为宜;中后期随着虾的增长,则控制投饲量,一般以 2 小时左右吃完为宜,后期则以 1.5 小时以内吃完为宜。具体视天气状况、虾类活动、残饵量、水质状况等情况而定。

7. 病害防治　做到早、中、晚多次巡塘与检查摄食情况,发现问题,特别是有浮头的预兆,及时开动增氧机等,严防缺氧浮头。罗氏沼虾轮捕后,及时用二氧化氯、溴氯海因等消毒水体,保持良好的水体生态环境。

8. 捕大留小　根据天气的变化,及时捕大留小,保持合理的养殖密度。7 月上旬,当罗氏沼虾规格达到每千克 120 尾左右时,就开始用牵网轮捕上市,可减轻池塘载虾量,降低养殖风险,提高养殖效益,到 8 月中旬第一批放养的罗氏沼虾基本起捕完毕。再陆续起捕第二批放养的。

(三)商品虾保温暂养

10 月上旬,当外界水温降至 20℃左右时,选择优质健壮、体型完整、规格整齐、游动活泼的沼虾进入大棚暂养。虾入池后,水温应保持在 15℃以上,溶氧量要求在每升 3 毫克以上,并适当投喂颗粒饲料,使虾保持不掉膘,以提高暂养成活率,推迟上市时间,一般能暂养到 11 月中旬后再销售,价格较高效益好。

(四)注意事项

第一,清塘要彻底,池塘底部的青苔必须完全杀灭,这样有利于水质的培育。

第二,饲料投喂做到前期充足,中期适量,后期控制,有利于保持水环境的稳定。

第三,多用、早用对罗氏沼虾养殖有利的生物制剂,同时,轮捕后要及时用二氧化氯、溴氯海因等消毒水体,防止沼虾的病害发生和水质变坏。

第四,要适时轮捕上市,控制池塘载虾量,降低养殖风险,提高养殖效益。

(闻堰镇金燕忠,萧山区农业局高雪娟)

三十九、南美白对虾淡化健康养殖技术

南美白对虾又称凡纳对虾、白虾,是当今国际上与中国对虾、斑节对虾并称养殖产量最高的三大优良虾种之一,为热带性虾种类,原产于南美洲太平洋沿岸的水域。在20世纪70年代末,由美国科技人员在该海区发现,并先后完成了种虾的培育、交配、育苗和高密度养殖的科研攻关,之后在中南美洲得到产业化发展。我国最早于1988年从美国引进,并于1994年人工批量育苗成功,后又进行池塘咸淡水养殖试验获得成功。目前已在广东、海南、广西、上海、江苏、浙江、安徽、江西、河北、辽宁、山东等11个省、自治区、直辖市养殖,具有生长快、对水环境适应能力及抗病力强等特点,是海虾淡养的优良品种。

(一)生物学特性

1. 分类与形态 南美白对虾在分类学上属节肢动物门,甲壳纲,软甲亚纲,十足目,游泳亚目,对虾科,对虾属,开放型对虾亚属。外形及体色酷似中国对虾,最大体长可达23厘米,正常体色白而透亮;大触须青灰色,步足常呈白垩色;全身不具斑纹,但仔细观察,其外壳密布许多细小斑点,尤其在体长2~5厘米的幼虾身上更为明显;额角短,不超出第一触角柄的第二节;第一触角内外鞭大致等长,且较粗短;头胸甲部较其他虾种短,与腹节之比约1:3;额角上缘有8~9齿,下缘1~2齿,这与刀额新对虾的上缘有6~10齿而下缘无齿痕不同。

2. 种群分布及活动 野生南美白对虾原产地位于北至墨西哥、南至智利的东太平洋沿岸海域,亦即北纬32°至南纬23°。白昼多匍匐爬行,夜间活动

频繁,自然情况下,幼体随海流浮游,仔虾常聚于河口附近,长至幼虾后逐渐移栖至近岸浅水区,体长 9 厘米以后向深水域移动,栖息深度达 30~70 米,栖息海域的常年水温在 20℃ 以上。

3. 对海水盐度的适应性 南美白对虾对海水盐度的适应范围很广,其生存盐度在 0.5‰~60‰,最适应盐度范围为 10‰~30‰。

4. 对温度的要求 南美白对虾对温度的耐受范围较宽,人工养殖时水温可在 16℃~35℃(渐变幅度),但最适生长温度 25℃~32℃。试验显示,每只 1 克左右的南美白对虾幼虾在 30℃ 时生长速度最快,而 12~18 克的大虾则在 27℃ 时生长最快。当池水温度长时间处于 18℃ 以下或 33℃ 以上时,则虾体处于窘迫状态,抗病力下降,食欲减退或停止摄食,随时有致死的可能。

5. 对水中溶解氧的要求 水体中的溶解氧是维系水生生物生命的重要因子。对虾主要依靠其鳃部进行呼吸运动。南美白对虾不同体长的个体对低氧的耐受程度稍有差异,个体愈大,耐低氧能力愈差。通常情况下,南美白对虾的缺氧窒息点在 0.5~1.5 毫克/升。当对虾蜕壳时,对溶解氧的要求更高,否则不能顺利蜕壳,甚至死亡。

6. 食性与生长 南美白对虾为杂食性动物,在自然界中是偏向肉食性的动物,并以小型甲壳类生物为主食,如桡足类、介形类、糠虾类、涟虫类等,也摄取多毛类、双壳贝类及底栖硅藻等。在天然水域,南美白对虾为夜行性动物,夜间活动频繁,白天则相对安静,有时甚至将身体腹部或全身潜藏在泥沙中,亦不主动搜寻摄食。在人工养殖条件下,南美白对虾白天仍会摄食投喂的饲料,但其摄食行为受饲料的近距离刺激影响颇大。研究发现,一日多餐的投饲方式在生长速度方面远比一日 1~2 餐的投喂方式要快得多。在营养需求方面,南美白对虾对饲料中蛋白质需求量相对较低,在 32% 左右。美国夏威夷海洋研究所的研究表明,高蛋白质的食物对提高南美白对虾的生长速度及养殖产量非但没有帮助反而有负面效果。因为对虾对蛋白质的消化吸收有一定的限度,超出范围不仅会增加机体负担,没有吸收的部分随粪便排出,更容易污染池底。

南美白对虾养殖前期,幼虾 4~6 天蜕壳 1 次,15 克以上大虾约 2 周蜕壳 1 次,60 天内生长速度最快,此后生长减缓。

(二)南美白对虾淡化养殖技术

1. 养殖池塘条件

(1)养殖地址的选择 养殖池塘可以利用现有养鱼池塘,也可重新选点建池,一般要求水充足、水质好、无污染,底质最好为沙质或沙泥质,坚实;应尽量避免在酸性或潜在酸性土壤或烂泥地处建池。虾池长方形或圆形均可,池底应平坦少淤泥,每口池塘有完整的注、排水系统,排灌方便。另外,建池还应考虑交通方便、有电力供应、保护生态环境等因素。

(2)面积与水深 虾塘面积以 6 000 ~ 7 000 平方米(10 亩左右)为宜,长方形,长宽之比为 3:1 ~ 2,水深 1.5 ~ 2 米,塘堤宽度不小于 2 米。

(3)机械配套 养殖池塘必须配好发电机和增氧机械。一般每 667 平方米配套增氧机 0.5 ~ 1 千瓦,具体根据增氧机械、放养密度、载虾量等而定。

2. 放养前准备

(1)清塘消毒 一般虾池于收成后应将池水排干,让其暴晒至池底,清除淤泥、杂草,特别是消除塘坝上的杂草,以防青虾、蛇等敌害生物,再进行消毒。消毒方法有:①在投苗前 30 天左右,池塘进水 20 ~ 30 厘米,然后每 667 平方米用生石灰 100 ~ 150 千克全池撒施,酸性较大的池塘适当多施;②在投苗前10 天,进水 20 ~ 30 厘米,每 667 平方米池塘用强氯精 5 ~ 6 千克或漂白粉 10 ~ 20 千克对水后全池泼洒;③在投苗前 10 天,进水 20 ~ 30 厘米,每 667 平方米用茶籽饼 10 ~ 15 千克浸泡后连渣全池泼洒。清塘消毒的目的是为了杀灭有害生物,包括野杂鱼虾及病菌等。用石灰清塘不仅可起到彻底消毒杀菌的效果,而且还可改良虾池底质及调节水体 pH 值,比其他消毒方法效果更好。

(2)虾池进水 当药性消失后,即可进水。①必须在进水口设置滤网。滤网采用 80 目锦纶线或尼龙筛绢制成直筒网袋,网袋长为 2 米以上。具体视进水泵口径大小而定。②最好分 2 次进水。首次进水以 40 ~ 50 厘米为宜,以利于施肥培养饵料生物,以后再逐渐提高水位。到放养时水位达到 80 ~ 100厘米。

(3)培养基础饵料生物 在养虾塘内培养繁殖丰富的饵料生物(基础饵料),是解决虾苗适口饵料、加速对虾生长的一项有效措施,是充分利用虾塘的自然生产力、降低养虾成本的有效途径之一。由于基础饵料生物具有繁殖快、培养方法简易可行和营养效果明显等优点,因而成为养殖程序中的一个不可缺少的生产环节。实践表明,如果基础饵料丰富,虾苗入池后成活高,生长快。

①用有机肥肥水 必须经过充分发酵,用量视池塘底部环境状况而定,一般每 667 平方米用量为 50 千克左右。用前最好用生石灰、漂白粉或强氯精等药物进行拌和消毒、杀菌,防止害虫的产生。

②氮肥、磷肥肥水 每次 667 平方米施尿素 1.5 ~ 2 千克,2 天后视池水

的肥度、天气情况追施第二次;或 667 平方米用碳酸氢铵 20～30 千克,加过磷酸钙 5～10 千克。

③其他　如南美白对虾专用有机肥、生物肥料、活性肥水剂等。

前期肥水,采用有机肥、化肥、生物肥料等有机结合,一般效果较好。肥水后,水色呈油绿色或茶褐色,透明度 30～40 厘米即可放苗。

(4)池水盐度的处理　纯淡水的池塘,首先在池塘的一角用尼龙薄膜围拦,在放苗前 1～2 天,按每立方米水体用盐 3 千克对水后进行施放,使放养虾苗池水的盐度达到 2‰～3‰,这样会大幅度提高虾苗放养后的成活率。

3. 苗种的选择与放养

(1)苗种的选择

①选择优良品种　也就是选择仔一代、仔二代的苗种,不要选择品质退化的种苗;选择不带病的虾苗。在育苗过程中,从未发生过病害和应激反应,并经检测不带病毒;选择活力好的虾苗。选择体长在 0.8 厘米以上、弹跳灵活、体表无脏物、无损伤、腹节长形且肌肉饱满、全池个体大小均匀、无畸形、逆水能力强的虾苗。

②盐度　萧山围垦区的盐度一般为 2‰左右,所以一般选择盐度不能高于 3‰的淡化苗。否则,会出现不适应性和影响虾苗的放养成活率。

③试苗　放养前 1 天,必须先进行试苗。从育苗场拿回来的虾苗先滤去育苗水,再将池水和虾苗放入试苗盆中,经过 12 小时以上的观察,未出现死苗现象,则说明可以放苗。如出现死苗现象,应查明原因,采取相应措施后再行放苗。

(2)虾苗放养　当池水水温 23℃ 以上,即可放苗。放苗应选择在晴天的上午或傍晚进行,切忌在中午太阳暴晒时放苗或在雨天放苗。放养密度一般 667 平方米放 4 万～6 万尾。注意虾苗运到虾池后,应将苗袋放入虾塘中待其平衡水温后,再放入池中,有利于提高虾苗成活率。

4. 投饲技术

(1)饲料要求　南美白对虾不同生长阶段,对饲料的要求略有差异。体长 6 厘米以内的幼虾期,对饲料蛋白质和不饱和脂肪酸要求量较高,一般蛋白质应达 38% 以上;体长 6～10 厘米的中虾期,可相应减少饲料蛋白质和不饱和脂肪酸,蛋白质可在 35%～38%;体长 10 厘米以上的成虾期,饲料蛋白质 32%～35% 即可。

(2)投饵量的控制　投饵量应根据天气、成活率、残饵量来确定。幼虾期应投喂 0 号料和 1 号料,摄食时间应达到 2～3 小时;中虾期以投喂 2 号料为主,摄食时间应控制在 2 小时左右;成虾期以投喂 3 号料为主,摄食时间应控制在 1~2 小时。

(3)投饵技巧 坚持勤投少喂,每天投饵次数不少于 2 次,投喂时间为上午 6~8 时,下午 4~6 时;水温低于 15℃ 或高于 32℃ 以上时少喂;风和日暖时多喂,雷阵雨、暴风雨、寒流侵袭(降温 5℃ 以上)时少喂或不喂;对虾大量蜕壳的当日少喂,蜕壳 1 天后多喂;池内竞争生物多时适当多喂;水质良好时多喂、水质变劣时少喂。投饵量和投饵时间要因时、因地灵活掌握。

(4)投饵位置 养殖初期最好全池均匀投,然后逐渐回到池四周距堤坝 2 米左右清洁区投饵。随着对虾的生长,日间逐渐向深水清洁区投饵,夜间在浅水清洁区投饵。同时投饵应力求均匀,以利于对虾摄食。

5. 水质管理 水环境的好坏直接影响到南美白对虾生长和生存,养虾就是养水。如果能有效地管理水质,使虾的生活环境良好,则虾健康、生长迅速。水环境污染物质超过对虾忍耐程度,轻者会引起生长不佳与慢性中毒,导致生理功能减低,活动行为异常,严重者会引起急性中毒死亡。因此,水质管理在养虾中占有很重要的位置。水质的好坏,受水源、气候、水中生物、残饵及生物排泄物的共同影响。

(1)水质指标 对虾养殖生产中常规的水质指标主要有 pH 值、溶解氧、透明度及氨氮、亚硝酸盐、硫化氢含量等。要求 pH 值在 7.8~9 范围内比较适宜,透明度一般前期控制在 30~40 厘米、后期 20~30 厘米,溶解氧量要求达到每升 4 毫克以上,氨氮应控制在每升 0.3 毫克以下,亚硝酸盐应控制在每升 0.2 毫克以下,硫化氢应控制在每升 0.01 毫克以下。理想水色是油绿色或茶褐色。

(2)水质调控

①进换池水 养殖前期一般每隔 5 天左右加注新水 1 次,同时要视池塘水质肥瘦状况,适当进行肥水。

②改良水质、底质 为稳定水质,养殖中后期,最好每 10~20 天使用 1 次复合微生物制剂、生态制剂和底质改良剂等,改善池塘生态环境。

③调节 pH pH 值低于 7.5 时,用生石灰调节,一般每 667 平方米每米水深用生石灰 3~5 千克。

④池塘增氧 在养殖过程中,随着虾体的生长,对水中溶解氧的需求量也越来越大,因此在养殖前期视水质状况采取间隙性开启增氧机。后随着虾的生长逐渐延长开机时间,以保证池中溶解氧量在每升 4 毫克以上。出现闷热、雷阵雨、连续阴雨等不良天气可投放底部增氧剂或底质改良剂,以增加底部溶

解氧。

6. 防病害 对虾养成期病害较多,一旦发病,药物进行治疗往往难以奏效,故应预防为主,尽量减少疾病的发生。

(1)主要防病措施 彻底清池消毒;选择不带病毒的虾苗,并合理控制放养密度;适量投喂优质饲料,避免使用霉变饲料;加强饲养管理,保持良好底质和水环境,做好养水保水工作,不盲目大排大灌;疾病流行季节适量投喂药饵,合理使用消毒剂和做好纤毛虫病的防治工作。

(2)主要病害防治

①红体综合征 对虾尾扇顶端呈红色,软壳、空肠胃。病虾通常于池边成群巡游,严重者于水面漫游,反应迟钝,不摄食。目前该病仍无有效的治疗方法,只能采取预防措施,特别要做好虾苗的病毒检测、水质的调控、饲料的合理投放等。

②白斑症病毒病 病症是在虾的头胸甲边缘有黑白相间的斑点,体色往往轻度变红或暗淡褐色,主要症状为停食、无力漫游水面或伏于池底,很快死亡。目前仍无有效的治疗方法,只能采取预防措施,检测虾苗是否带病毒,创造健康的养殖环境以提高虾的抗病免疫力,在饲料中拌喂抗病毒药或有助于提高免疫力的抗病毒素。一旦发病,可施用一些碘制剂、中草药等。

③肌肉白浊病 主要症状虾体弯曲、肌肉变白。水质、营养、细菌因素都可引起该病。治疗的措施主要是改善、净化水质,饲料中补钙。

④断须红腿病 主要症状是虾腿发红、虾须断折。该病与细菌感染有关,治疗的途径有内服(磺胺类药)及净化或消毒水体相结合。

⑤纤毛虫病 虾体表寄生有肉眼可见的固着类纤毛虫。该病可用纤毛净、甲壳净等药物进行治疗,但在治疗过程中要注意池塘水质变化,严防池塘缺氧。

7. 收 获

(1)准备工作 养殖90天以后,规格达到每千克120只左右则可起捕,起捕前应提前做好收虾的各项准备工作。做好市场调查,摸清对虾销售行情,联系销售渠道;向当地气象部门了解近期天气及气温变化情况;认真、全面检查养虾池内对虾的生长状况及养殖水体生物的负载能力;准备好收虾工具。

(2)捕捞 捕捞方法有牵捕、笼捕、干塘捕3种方法。当虾达到商品规格时,要及时分期分批捕捞商品虾,实施捕大留小;当寒潮侵袭,气温突然降低时,不能捕虾;当水质突然变坏时,要尽快提早捕虾;当虾出现不正常现象时,要突击捕虾。

（萧山农业对外综合开发区何秀元、唐立军,瓜沥镇胡国柱,党湾镇徐绍才）

四十、南美白对虾双茬养殖技术

党山镇位于萧山东部,全镇水产养殖业在整个农业中占有相当的比重,2007年全镇水产养殖面积达到457.83公顷(6 867.5亩),其中南美白对虾养殖面积412.17公顷(6 182.5亩),占总水产养殖面积的90.03%,南美白对虾已成为该镇水产养殖的主要品种,积累了一定的养殖经验。为此,在南美白对虾养殖模式上进行了大胆的探索,在杭州天旺水产养殖有限公司开展了南美白对虾双茬养殖技术试验,取得了较好的经济效益。

(一)养殖技术

1.放养 第一阶段为塑料大棚强化培育阶段。池塘2个,每个0.23公顷(3.5亩),计0.47公顷(7亩)。先在塘边打桩,钢丝网拉顶,在钢丝网上铺设"网片+塑料薄膜+网片"。目的是提高前期大棚内的温度,延长南美白对虾的生长周期。分2次进行投放。第一次于4月初放养,每个池塘放养500万尾,共放养淡化虾苗1 000万尾,并进行大棚强化培育;第二次于6月初放养,每个池塘放养300万尾,共放养淡化虾苗600万尾。

第二阶段为室外常规池塘中养殖阶段。池塘18个,面积6.67公顷(100亩),单个池塘面积为0.27~1.2公顷,水深一般2米左右,养殖方法与普通池塘相似。分2次进行放养。第一次于5月上旬放养,将大棚中强化培育出来的南美白对虾均匀放养于6.67公顷(100亩)的池塘中,6月中旬开始起捕,当起捕到一定程度后,则进行第二次放养,时间在7月上旬。

2.管理

(1)增氧

①第一阶段 每667平方米池塘配套水车式增氧机2台,同时实施充氧式底增氧措施,并且全天保持池水体微流动。

②第二阶段 根据池塘大小配备增氧机,每667平方米池塘配1千瓦左右水车、叶轮式增氧机。同时,根据气候和水质变化及时开启增氧机,保持水质清新。增氧时间根据养殖季节、载虾量、天气情况等而定,以保证在养殖期间不出现缺氧浮头甚至泛塘的现象。

(2)投饲

①第一阶段 投喂质量较高的优质饲料,更好地促进幼虾的健康生长。

放养后,以投喂营养全面的虾片或 0 号南美白对虾饲料。

②第二阶段 根据南美白对虾不同生长阶段对营养要求的差异,做好饲料投喂工作。前期投喂南美白对虾 1 号饲料,以后随着虾的生长,逐步改为南美白对虾 2 号、3 号饲料。

③投饲方法 沿池均匀撒投,投饲量要根据摄食情况、天气情况、虾的活动和生长情况等进行综合考虑,灵活掌握。做到少量多次,每天至少检查饲料 2 次,以不留残饵为原则。

(3)日常工作 坚持多巡塘、多观察,检查各种设施是否完好,观察虾池的水质变化和虾的摄食活动情况,检查是否有病虾及缺氧浮头等现象,发现问题及时采取应急措施。同时,加强水质调控,应用生物制剂、生态制剂、底质改良剂等,水体透明度控制在 30 厘米左右。

3. 捕捞 实行分期分批捕捞,当虾达到商品规格后,及时收捕商品虾。第一期放养的南美白对虾,于 6 月中旬开始起捕,当起捕的商品虾不多时,在 7 月上旬放养第二批虾苗,此后则采用地笼诱捕。

(二)养殖效益分析

第一茬捕捞 6 月中旬开始进行,规格为每千克 100～160 尾,共起捕南美白对虾商品虾 48.65 吨,平均售价每千克 30.5 元,实现产值 148.38 万元;折合 667 平方米产量 486.5 千克,产值 14 838 元。第二茬于 9 月 15 日开始起捕,共起捕商品虾 45.36 吨,平均售价每千克 18.6 元,实现产值 84.4 万元;折合 667 平方米产量 453.6 千克,产值 8 440 元。全年总产商品虾 94.01 吨,总产值 232.78 万元;折合 667 平方米产量 940.1 千克,产值 23 278 元。总投入成本 160.78 万元,其中苗种 12.4 万元,塘租 6 万元,饲料 50.35 万元,温控等各种设施 70.6 万元,增氧及电力设备 7.6 万元,电费 5.1 万元,人工费 4.5 万元,其他费用 4.23 万元。扣除上述成本后,总利润 72 万元,667 平方米利润 7 200 元。

(三)注意事项

1. 注意天气变化 4 月初冷空气还比较频繁,要切实做好保暖工作。在虾苗未放入前搭建好大棚,当虾苗进入大棚培育池后做好保暖工作,使养殖池塘的水温始终保持 18℃以上。

2. 注意苗种质量和温差 特别是对第一茬养殖的苗种,除了要达到游泳活泼,体格健壮等质量要求外,在放苗时,还应将培育池温度缓慢地降至与大棚暂养池相近,并稳定地保持 1 天,使培育池水温和养殖池水温达到基本一致,避免引起虾苗温差大而产生应激反应,影响成活率。

3. 注意增氧和轮捕　特别是在大棚强化培育过程中,要长期保持充气增氧,启动增氧机,使池水保持微流水。同时,在养殖期间,一旦达到商品规格时,要及时做好轮捕工作,特别是第一茬,应在 6 月下旬,当池塘的南美白对虾达到每千克 160 尾左右时,应及时起捕。

4. 注意存在的风险　特别是对南美白对虾疾病的预防与控制,如南美白对虾的白斑病、桃拉病、弧菌引起的红体病等的预防与控制技术,还有待于探索和完善。

（党山镇包成荣）

四十一、乌鳢(黑鱼)冰鲜饲料投饲设施的应用

大力发展设施渔业,积极推进渔业机械化是建设现代渔业的基础,也是现代渔业的主要目标,对于推进新农村建设、全面实现小康社会具有重要的战略意义。当前,渔业正处在从传统渔业向现代渔业转变时期,大力发展设施渔业,是广大渔业工作者必须积极探索和努力实践的一项重要工作。乌鳢冰鲜饲料投饲设施的研发正是对传统养殖方式进行改进、完善和优化组合的结果,是发展设施渔业和新技术应用的一次创新。

近年来,乌鳢作为一种名优养殖品种,在萧山渔业生产中得到了长足的发展,养殖面积不断扩大,养殖产量明显提高,2006 年全区有乌鳢养殖面积377.33 公顷(5 660 亩),总产量 8 450 吨。但乌鳢养殖以冰鲜饲料为主,是一种高密度、集约化的养殖模式,对养殖水域及养殖场环境带来一定的压力,水质富营养化程度加快,制约了乌鳢的健康养殖和可持续发展。而乌鳢冰鲜饲料投饲设施的应用,能大大提高劳动效率,改善养殖场整体环境及养殖池水环境,减少病害发生,提高产品质量。

(一)制作原理和方法

1. 原理与作用　乌鳢冰鲜饲料投饲设施是一套组合型的设备,它主要是有 2 个带滑轮能滑动的投饲平台(饲料台)、2 个放置饲料台的底托和 1 个牵引机械所组成。饲料台由钢管、角铁等简易材料焊接而成,通过合理的安装,在牵引机械的作用下,完成从放料到投喂的整个过程。2 个饲料台底托及饲料台作为一组分别安装在同一塘埂相对应的两个池塘内,每个池塘的面积一

般为 0.33 公顷(5 亩),因此该设施能承担 0.67 公顷(10 亩)乌鳢养殖池塘的投饲工作。

2. 材料及相关数据 所用的材料主要由几部分组成:①直径为 5 厘米的钢管;②规格为 5 厘米×5 厘米、厚度为 0.5 厘米角钢;③厚度为 0.3 厘米扁铁;④0.7 千瓦电动卷机;⑤定滑轮、轴承、钢丝绳、开关等电器设备。相关的主要数据有:饲料台规格为 2 米×1.8 米,高度为 15 厘米(图2A);底托规格为 9 米×2 米(图2B)。

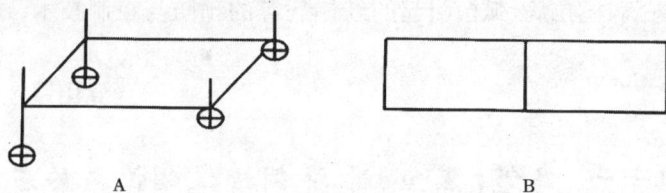

图 2 乌鳢冰鲜饲料投饲设施示意
A. 滑动饲料台 B. 底托

3. 制作要点 饲料台为 2 米×1.8 米的长方形平面,该平面的周边用角钢焊接而成,以长边为焊接点每隔 20 厘米焊接一根扁铁,作为饲料台的底。把 4 个带轴承的定滑轮焊接在饲料台底的四角,其中一侧长边的 2 个定滑轮比另一侧的相差 30 厘米。饲料台上面装上规格为 2 米×1.8 米×0.15 米,用聚乙烯网片制成的网袋,并固定在高度为 15 厘米由角钢焊接而成的 4 个柱上。底托是一个 9 米×2 米的长方形,四边由钢管焊接而成,以长边的中间点为焊接点,再加焊 1 根 2 米长的钢管。这样,乌鳢冰鲜饲料投饲设施的主要部件制作已基本完成。

4. 安装及使用 首先安装底托,把长方形底托的宽边两端用"工"字形砖分别固定在池塘上缘,把另一端用同样的方法固定在池塘底部,使其形成一个平面。然后,以底托的长边为轮轨放上带有四个滑轮的饲料台,饲料台用钢丝绳和卷扬机相连接,接上电源及相应的开关等电器设备,由卷扬机牵引使饲料台在底托上来回滑动。安装的要点是饲料台在来回滑动时,要始终保持水平并能方便地将饲料投放到饲料台上。使用时,由卷扬机将饲料台缓缓牵引到池塘的边上,放入要投喂的全部饲料,再将饲料台慢慢放入池塘中,完成投饲。

(二)应用效果

通过使用比较,该套乌鳢冰鲜饲料投饲设施作用十分明显,大大改善乌鳢养殖水域及养殖场的整体环境,提高了乌鳢养殖的经济效益。

1. 提高了劳动生产率　萧山水祥黑鱼养殖场是研发和使用该设施的主要单位,经该场使用比较,传统的乌鳢投喂方式,由于单位面积的饲料投喂量大,一般1个工人只能承担6个塘即2公顷左右的投饲管理工作,而使用该套设施后,1个工人能承担20个塘即6.67公顷左右的投饲管理工作。从人工成本和设施成本比较,以66.67公顷(1 000亩)养殖面积计,传统的投饲管理需要劳动力33~34人,按每人每年1.2万元工资计,需40万元左右。使用该套设施后,只需劳动力10人,年工资12万元;设施制作安装费每套4 500元,10套计4.5万元,按5年折旧,年均9 000元;电费600元,总计12.96万元。按66.67公顷(1 000亩)养殖面积计,应用该套设施可节约成本27万元。

2. 节约了饲料成本　使用该套设施,使定时检查乌鳢摄食情况和将剩余饲料及时回收成为可能,而传统投饲方式中很难做到这一点。因此在管理上,可以实施投饲后1小时检查1次饲料的管理制度,如发现饲料台中还有剩余饲料,则可及时回收。这样,既减少了饲料的浪费,提高饲料利用率,节约饲料成本,提高了养殖经济效益,又改善了池塘水质,对促进乌鳢的良好生长起到一定的效果。经对比试验,饲料系数由原来的4.75下降到4.15。

3. 减少了病害发生　使用该套设施的另一个显著的变化是大大改善了池塘的水域环境。由于池塘水质各项指标得到了改善,水质良好,为乌鳢的健康生长提供了一个良好环境,乌鳢病害减少,品质也得到了提高;同时,由于环境的改善,病害的减少,在相同管理条件下,乌鳢的产量也有所提高。经比较试验,乌鳢产量提高14%左右。

4. 改善了养殖场的整体环境　传统的养殖方式在投喂饲料时,一般是先把冰鲜小杂鱼堆放在池塘边上,待化冻后再用人工进行投喂,久而久之,堆放冰鲜饲料的地方就成了污水满地流的污染区,到过乌鳢养殖场的人都会有"苍蝇满天飞,污水池堤流,腥味扑面来"的感受。使用该套设施以后,由于冰鲜饲料直接投放在饲料台上,而饲料台又悬在池塘上,这样彻底改变了塘边的污染问题,保持了塘边的清洁卫生,养殖场的整体环境明显提高。

(三) 注意事项

第一,该套设施一次性投入成本相对较大,养殖户必须考虑自身的条件,以免因盲目引进带来的损失。

第二,应考虑小杂鱼饲料的资源及综合利用的可持续性。乌鳢从开展养殖以来,一直以小杂鱼作为饲料的主要来源。随着乌鳢颗粒饲料的研制和开

发,一些地区以颗粒饲料养殖乌鳢技术也得到了开发和应用。但随着养殖结构的不断调整,小杂鱼作为一种饲料资源,在合理利用和资源再生方面也得到了相对的平衡,以冰鲜小杂鱼为主要饲料的乌鳢养殖方式,在相当长的时间内不会改变,其使用的时效性也是比较长的。

第三,制作和使用中的安全问题也应引起足够的注意。由于该套设施没有专门的制作企业进行制作和批量生产,需要引进使用该设施的养殖户也只能自己采购材料,自己制作和安装。因制作过程涉及焊接和电机方面的专业知识,应请有该方面知识和经验的人员制作安装,以保证设施的质量和制作安装过程的安全。同时,使用中也要定期进行检修和保养,以保证使用的安全。

(萧山区农业局章民强)

四十二、提高亲鳖产蛋率的技术措施

近年来,通过对亲鳖池设施的改造、养殖新技术的应用、生产管理技术的改进,在种鳖养殖上已经取得了较好的效果,已连续 2 年比以前产蛋率提高 1 倍,达到 667 平方米产鳖卵 2 万枚左右。现就如何确保亲鳖养殖成活率,提高产蛋率,在技术措施上和培育操作中的要点介绍如下。

(一)亲鳖培育池塘的设施条件

1. 亲鳖培育池布置　池塘的建造是供亲鳖培育和产蛋用,特别需要安静而稳定的环境,最好建于全场最僻静、四季阳光充足的地方。为使亲鳖有较大的活动范围,面积不宜太小或太大,一般亲鳖培育池的面积在 0.33 ~ 0.47 公顷(5 ~ 7 亩)间,长宽之比为 1.5:1,池深 2 米左右,水位深度保持 1.6 米左右,池底可用自然土层,并有 15 厘米厚的软泥或沙层,便于亲鳖栖息和顺利越冬,池底斜坡与水面约成 30°角,有利于亲鳖上坡活动,增强体质。

2. 防逃墙　鳖善于攀爬逃逸,四周要建防逃墙,转角处要有一定的圆度,墙体用砖垂直砌筑,内壁必须光滑,墙体高出塘埂 30 厘米,墙基埋入土中 20厘米,每 4 米间距砌砖墩 1 个,防逃墙连接产蛋场。产蛋场的建造要供雌鳖产蛋,应选择鳖池背风向阳、地势较高、并略有斜坡的池岸上,宽度为 1 米,长度要根据亲鳖放养数量而定。场内铺设 20 厘米厚的黄沙,产蛋槽内砌成梅花形砖墩,略高于沙面,以供工作人员采蛋时行走。由于鳖喜欢在隐蔽凉爽、湿润无直射阳光的环境中产蛋,产蛋场上面最好用水泥预制板覆盖,但不能用彩钢瓦及玻璃钢瓦覆盖,因为下雨时有噪声会影响产蛋率。

产蛋场要保持一定的干湿度,雨天不能进水,久晴沙子干燥时要人工对水。产蛋场四周或三面不能露土,高于正常水位以上部分要用水泥浇捣地坪,以防止亲鳖分散产蛋,减少蛋的浪费,提高蛋的利用率。

3. 进、排水设施　进、排水口应设计在池塘两边终点,东西或南北对角。进水口要略高于池塘正常水位;排水口应考虑能尽量排干底层水为准。在进、排水口处要设置可靠的防逃设施,同时在排水口处要设置溢水口,保持水位稳定,有利于正常的投饵。

4. 饲料台与晒背台　长方形的池塘,在池塘中间搭设预制多孔板(宽50厘米,高于正常水位10厘米)操作道一条,最好东西走向,底部用砖墩水泥砂浆砌筑,南北两边用优质的石棉瓦搭设饲料台板,饲料台固定在中间砖墩上,用镀锌管做支架固定,低于正常水位30厘米(图3)。操作台用于投喂饲料、调节水质、施肥等,便于管理,又可作为晒背台,一设两用,供亲鳖晒背行日光浴之用,能提高鳖的体质,有利于亲鳖产蛋。

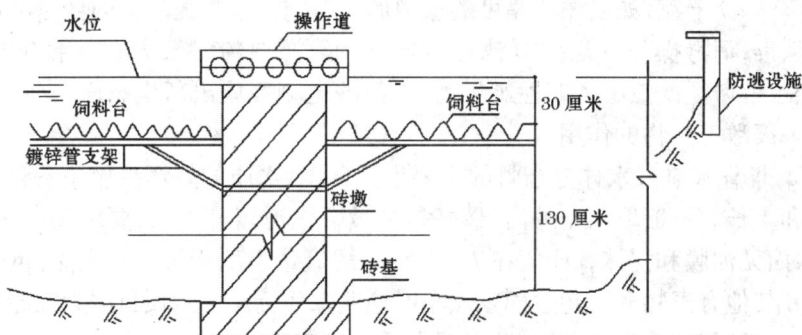

图3　亲鳖培育池塘示意

(二)品种的选择与放养密度

1. 选择好的品种是提高产蛋率的措施之一　近几年本地区所培育的亲鳖品种以中华鳖(日本品系)为佳,被广大养殖者认可。因为日本品系鳖繁殖能力强于其他品种,每年5月初至9月为产蛋期,比其他品种鳖一般延长产蛋期20天左右。

亲鳖个体挑选最好是从露天池自然环境下培育的人工养殖鳖中选择,也可从温室养殖鳖中选择,一般在5月下旬至6月上旬、晴天室内外温差2℃之内进行。个体越大越好,一般规格每只应在0.7千克以上,体型好,裙边宽厚,手感体质结实,无伤残,行动活泼,反应灵敏,用手拉后腿能有力缩回的健康鳖

作为培育亲鳖。

2. 放养密度 每667平方米放养种鳖400只左右。第一至第二年雌雄比例4∶1,能有效提高受精率;第三年为了提高雌鳖成活率,雌雄比例为5∶1;第四年雌雄比例为6∶1;5年以后7∶1。

(三)亲鳖培育

1. 清塘消毒 放养前的准备工作主要是亲鳖池清理、消毒工作,尤其是利用原有鱼塘虾塘改建的亲鳖池。新池也要进行消毒处理,清塘消毒的好处是杀灭池水中和底泥中的有害生物,野杂鱼和各种病原体,减少鳖病的发生,改良底质状况,为鳖的生存创造一个良好的生态环境。亲鳖池一般用生石灰消毒。生石灰遇水后发生化学反应,产生氢氧化钙和放出大量热能,在短时间内能使池水的pH值急剧上升,从而杀死细菌性病原体、野杂鱼、水生昆虫等,起到清塘消毒的作用。石灰用量根据池塘淤泥厚度而定,一般用量每667平方米70~80千克,如淤泥较厚可酌量增加。新挖塘或淤泥较少的塘也可用漂白粉消毒,消毒操作一定要全池均匀地泼洒。漂白粉一般含有效氯30%左右,经水解产生次氯酸和碱性氯化钙,次氯酸立刻释放出新生态氧,有强烈杀菌和杀灭敌害生物的作用。

2. 培育水质 水体是亲鳖的主要生活环境,水质的好坏直接关系到鳖的生存和生长。一般取水于外河,最好是进过暂放池培育的水,要求无臭味、异味,水面无油膜和浮沫,pH值在7~8.5,溶解氧量不低于每升3毫克,重金属离子和其他有毒物质不超过国家颁布的渔业水质标准。水质目测为嫩绿色或茶褐色,透明度30厘米左右,并根据水质的肥瘦适当施肥调整,要避免一次性施肥过多使蓝藻类暴长而难以控制。进水要一次性到位,水体用碘制剂消毒。放养前亲鳖用3%~5%食盐溶液浸泡10分钟再投放。

3. 饲料投喂 用正规厂家生产的亲鳖全价配合饲料,开始每天投喂1次,待亲鳖吃食正常后,调整为每日早、晚各1次,先少后多,早上投喂40%,下午投喂60%,以1小时吃完为标准。投饲应严格按照"四定"投饲原则进行。定时,早上7时左右,下午5时左右。定位,饲料应投置在固定的饲料台上,既符合亲鳖的摄食习性,又有利于检查摄食情况和及时清除残料,避免饲料浪费和污染水质。定质,人工配合亲鳖饲料要现做现喂(制成软颗粒),每周最好要投喂3~4次的鲜活饲料,鲜活饲料如鱼、蚌、螺蛳等,但鲜活饲料不能腐烂变质,尤其是在高温季节,更须注意。亲鳖是多次产蛋类型的动物,除越冬休眠期之外,几乎常年都需要大量的营养物质,转化到卵母细胞形成蛋黄,因此饲料质量的好坏关系到产蛋率。定量,投饲量应根据水温,水质、天气状况及亲鳖的摄食强度而做相应的调整。水质好、水温适宜、天气晴朗可适当多喂,如遇雨天台风季节应酌情减少喂量或停喂。

4. 水质调控 保持水质稳定,提高池水自净能力,尽可能减少换水次数。如确需要补水,补水用水最好要经过暂放池处理培育后进水。过量换水容易造成亲鳖应激反应,导致微生物及有益藻类所需的营养物质流失。根据水质情况使用活菌底放,降低氨氮、亚硝酸盐、硫化物等有害物质。要注意在水体正常情况下不要随意使用活菌底放,使用过量反而破坏了平衡。所以,水质调控要根据池水实际情况来确定,也可用每 667 平方米放养 50 尾白鲢来帮助改善水质,为亲鳖生长创造一个良好水体环境。

(四)日常管理

一是坚持每天早、晚各巡塘 1 次,观察亲鳖摄食、产蛋、水质、气温情况,特别应注意防逃墙底部有否捣洞,进、排水口栏栅有无损坏。对于病鳖应及时打捞处理。

二是坚持做好日记台帐。建立单池为单位的养殖档案,记录以技术管理规程中的内容为主,包括天气情况、摄食、水体调控、病情及死亡只数、产蛋数量等。对于工作日记要进行阶段性的汇总、分析,发现问题及时处理,使亲鳖产蛋率管理工作达到最佳状态。

三是亲鳖由于连续多年饲养培育,每年必须进行 1 次清塘,时间在越冬前进行。其一清塘时要彻底清除小杂鱼,因为小杂鱼要与亲鳖争食;其二了解亲鳖生长发育、成活率情况等,优化养殖环境和清除污泥、改良底质,调整亲鳖雌雄比例。

四是亲鳖的产后培育,这是亲鳖在人工养殖中不可缺少的一个环节,产后培育是提高产蛋率的有效措施。亲鳖虽然停止产蛋,但在生殖季节体内营养大量消耗,更需要迅速补充营养,因此亲鳖产后仍应多投喂含蛋白质和不饱和脂肪酸高的鲜活饲料,一方面是恢复体质,保持产后性腺的继续发育;另一方面增加亲鳖本身营养的积累,准备安全越冬,以促使亲鳖在翌年开春提前发情、交配、产蛋。

(第一农垦场谢志庆)

四十三、南美白对虾与河蟹混养技术

萧山围垦土质属盐碱性粉沙土,盐度2‰左右,为充分挖掘围垦池塘的生产潜力而探索新的高产高效养殖模式。2003年在杭州萧山天益水产养殖场进行了南美白对虾与河蟹混养试验,面积1.6公顷(24亩),667平方米利润3 363元,比河蟹专养模式高60%;2004年试验0.8公顷(12亩),667平方米利润3 367元,投入产出比1∶1.59;2005年示范10.67公顷(160亩),667平方米利润超过5 000元。

(一)池塘条件

1. 面积与水深 池塘呈长方形,东西向,长100米左右,宽30米左右,平均水深1.8米。池塘进排水渠配套,周围环境安静,交通便利,水源充足,水质良好,无污染,可随时调节水质。盐度2‰、pH值8.2,适宜于南美白对虾的养殖。

2. 池塘清整 每年1月至3月初用泥浆泵清除过多淤泥,用生石灰进行干塘消毒,667平方米用生石灰150～200千克,暴晒20天左右,再进水放养苗种。

3. 配套设施 池塘四周用高度为60厘米的铝皮围拦防止河蟹逃逸,同时每个池塘配备1.5千瓦叶轮式增氧机2台。沿池四周种植水花生,水草量约占池塘面积的20%。

(二)饲养管理

1. 苗种放养

(1)扣蟹放养 3月上旬开始放养扣蟹,蟹种由钱塘江亲本繁育的蟹苗通过自己培育而成的,每个池塘放养600～1 000只,规格每千克160～200只。

(2)鲢、鳙鱼种搭养 扣蟹放养7～15天后,放养鲢、鳙鱼种,每个池塘搭养老口鲢、鳙鱼各30尾。

(3)南美白对虾淡化苗放养 6月份开始放养南美白对虾淡化苗,667平方米放淡化苗4万～6万尾,规格为体长1厘米左右。放养的南美白对虾淡化苗要求是无病毒健康淡化后的南美白对虾虾苗,淡化苗的盐度为2.5‰,用氧气袋充氧运输。

2. 饲料投喂 3～5月份主要投喂幼蟹饲料,同时每667平方米还投放活螺蛳 100～200 千克。6～10 月份投喂粗蛋白质含量为 35% 左右的颗粒饲料，并按虾、蟹体重的 3%～5% 投喂，具体视摄食、水质、天气状况而定。一般每天上午 7～8 时投喂日总量的 1/3 左右，剩下的在傍晚沿池四周均匀投喂。10 月份以后则投喂烧熟后的小麦和蚕蛹或粗蛋白质含量 25% 的颗粒饲料。

3. 日常管理　整个养殖期间保持水质清新，溶氧丰富，透明度 30～40 厘米，高温季节及时进水和换水，每次进、排水一般控制在 5 厘米左右，水色以油绿色为佳；每天早、晚巡塘，检查水质、溶氧、摄食和活动情况，特别在雷阵雨、暴风雨及河蟹性成熟之后，要密切注意虾、蟹缺氧及防止河蟹逃掉。

4. 病害防治　养殖期间，主要采取调水和改善底质，用绿微康、调水王（EM 菌）等调水，用 1＋1 底改净、CBS 等改良底质，一般每隔 20 天左右用 1 次。同时适时泼洒生石灰、二氧化氯等进行水体消毒。

5. 适时捕捞　南美白对虾一般经 90 天左右养殖，规格每千克可达 60～100 尾。应根据生长情况、市场价格等适时采用地笼诱捕或牵网捕捞，及时捕大留小，为存塘虾、蟹提供更多的空间。

（三）注意事项

第一，在养殖过程中，蟹、虾的最佳放养密度还有待于进一步探讨。

第二，在虾苗放养前，需要做 1 次河蟹纤毛虫病和细菌性病的防治。

第三，在养殖过程中，由于虾蟹养殖密度较高，池塘中应配备增氧机，以防南美白对虾缺氧泛塘。

（萧山区农业局高雪娟）

四十四、大规格河蟹养殖技术

随着河蟹养殖面积的不断扩大，市场竞争日趋剧烈，养殖效益普遍下降。通过调整养殖结构和提高水面的综合利用率，以高产优质高效的养殖方式取代落后的生产方式，可提高河蟹养殖的综合效益。

（一）池塘条件

1. 面积与水深　选择水源充足、水质良好、排灌方便的地方建池。蟹池以 0.27～0.33 公顷（4～5 亩）为宜，同时要求长 100 米左右，宽 20～25 米，深 1.2～1.5 米。池坡要求平缓，坡比 1∶3 为宜。

2. 蟹池清整　放养前 1 个月，每 667 平方米用生石灰 150～200 千克对水

后全池泼洒,并使池塘干裂后再行放养蟹种。

3. 隐蔽物设置 沿池四周种植水花生,一般每隔 3~5 米种植一块;池底种植沉水植物,如轮叶黑藻、苦草等,一般要求水草量占池塘面积的 20% 左右。

4. 围拦设施 池塘周围用高度为 60 厘米左右的铝皮或抗老化的塑料板围拦。为节约成本,塘与塘之间可用高度为 50 厘米或 60 厘米的多功能塑料薄膜围拦。转角应做成圆弧形,以防蟹叠蟹逃逸。

(二)苗种放养

1. 蟹种放养 放养的蟹种以钱塘江水系和长江水系亲本培育出来的蟹种为好。要求在 2 月下旬至 3 月下旬放养蟹种,667 平方米放 1 000 只左右,规格每千克 100~200 只为佳。

2. 鲢鳙鱼放养 蟹种放养后半个月,每 667 平方米放养老口花白鲢 20~30 尾(其中老口花鲢 10~15 尾)。同时,也可套放鲢、鳙鱼夏花鱼种,以保证翌年的鲢鳙鱼种的数量。

3. 青虾放养 6 月中旬每 667 平方米再套养抱卵青虾 25~50 克或套养青虾苗 5 000~10 000 尾。

4. 鳜鱼放养 池塘条件好、进排水方便的养殖池塘,可在 5 月下旬至 6 月上旬每 667 平方米套养 5 厘米以上的鳜鱼种 2~5 尾,具体视池塘野杂鱼数量而定。

(三)饲料配备

1. 饲料安排 早期以投喂麸皮与鲜鱼为主,4~6 月份每 667 平方米应放养活螺蛳 100~200 千克;中期则以投喂营养全面的颗粒饲料为主;中后期以投喂颗粒饲料,并适当增加投喂螺蛳、鲜鱼等;后期则以投喂小麦、蚕蛹为主,或采用自己配制的一般性颗粒饲料。

2. 投饲量 一般占蟹体重的 2%~4%,具体视河蟹的摄食、水质、天气状况而定。

3. 投喂方法 每天投饲 1 次,在傍晚沿池四周均匀投喂。

(四)水质控制

整个养殖期间需保持水质清新,溶氧丰富,透明度 30 厘米左右,水色以油绿色为佳。每次进换水一般控制在 5 厘米左右,同时每月对水泼洒生石灰 1

次。生石灰 667 平方米用量 7.5~10 千克。

(五)病害防治

养殖期间主要有烂肢病、黑鳃病、抖抖病和纤毛虫病等。在未发病前,要加强水体消毒,注意做好疾病的预防工作。发现河蟹不正常或病害,一定要对症下药,及时预防和治疗,以防病害进一步蔓延。烂肢病、黑鳃病、抖抖病等,平时预防可用二氧化氯等消毒剂进行全池泼洒;纤毛虫病则可采取纤虫克(主要成分为硫酸锌)全池泼洒。

(萧山区农业局卜利源)

四十五、河蟹塘套养花䱗鱼技术

萧山金宝养殖有限公司位于钱江二桥旁,有水产养殖面积 15.33 公顷(230 亩),其中成蟹塘 58 个,13.33 公顷(200 亩);蟹种塘 9 个,2 公顷(30 亩)。为挖掘河蟹塘的生产潜力,切实提高河蟹的养殖经济效益,2004 年实施了河蟹塘套养花䱗鱼,取得可喜的业绩,总产商品蟹 19 720 千克,花䱗鱼 2 400 千克,花白鲢 11 600 千克;实现总产值 110.13 万元,总利润 66.79 万元。

(一)主要技术措施

1. 池塘清整 在苗种放养前 1 个月整修好池塘,每 667 平方米用生石灰 150 千克进行干塘消毒,并暴晒池底,彻底杀灭有害病菌。同时在池塘四周设置水草,使养殖期间水草量占池塘面积 20% 左右。

2. 池塘选择 实施河蟹塘套养花䱗鱼养殖面积 13.33 公顷(200 亩),共计池塘 58 个,池塘平均深度 1~1.2 米,坡度 1:2~3。进排水分设,而且比较方便。进水处用 80 目的网布过滤,以防野杂鱼、虾进入;出水口用铁丝网等包扎,防止河蟹逃走。

3. 合理放养

(1)蟹种放养 在 2 月下旬至 3 月上旬放养蟹种,共放养蟹种 20 万只,折合 667 平方米放 1 000 只,平均规格为每千克 160 只左右。

(2)花䱗鱼放养 5 月下旬放养体长 3~4 厘米的花䱗鱼夏花,共放养 20 000 尾,折合 667 平方米放养 100 尾。

(3)鲢、鳙鱼种放养 共放养鲢、鳙鱼种 4 060 尾,每只池塘放养 70 尾,其中白鲢 40 尾,花鲢 30 尾。放养规格花鲢为 250 克左右,白鲢为 50 克左右。

4. 科学投喂　在投喂饲料上,采取以自己配方的颗粒饲料为主,并适当增加一些活螺蛳和冰鲜鱼等鲜活饲料。3～6月份投喂粗蛋白质含量为35%左右的颗粒饲料,并投放活螺蛳6.5万千克,投喂冰鲜鱼0.4万千克;7～9月份以投喂粗蛋白质含量为32%左右的颗粒饲料,并增加投喂冰鲜鱼1.5万千克;10月份以后,则投喂烧熟后的小麦与蚕蛹。全年共投放颗粒饲料30吨,螺蛳6.5万千克,冰鲜鱼1.9万千克,小麦0.6万千克,蚕蛹500千克。

5. 注重防病　对河蟹病害的防治,采取"以防为主,防重于治"的方针。每月使用生石灰1次,以改善水体环境、杀灭有害病菌和调节水质;使用高效消毒剂二氧化氯等来加强水体消毒,防治河蟹烂鳃病、水肿病、抖抖病等;使用纤虫净等防治河蟹聚缩虫、钟形虫等所引起的纤毛虫病;使用微生物制剂等改善水体环境和保持水质稳定。

6. 加强管理

(1)做好工作日记　主要是苗种放养、饲料投喂、水体消毒、成本支出及收入等。

(2)加强巡塘检查　坚持每天进行早、中、晚3次巡塘。早上巡塘,检查摄食情况和有否病蟹;中午巡塘,看水色情况;晚上巡塘,看河蟹活动情况。

(3)池水管理　放养时,池水灌至60厘米水深,以后逐步加注新水,到高温季节来临之前,使池水深达到1米以上,夏、秋季节使池水灌至最满,并做到每周进水1次,每次进水量为3～5厘米。

(4)注意防逃防偷　在暴风雨来临之时,加固围拦设施,检查进、出水口,防止河蟹逃掉。到10月份,河蟹达到性成熟之后,加强巡塘检查,注意防逃防偷。

(二)养殖效益分析

1. 河蟹　总产河蟹19 720千克,折合667平方米产量98.6千克;平均规格为125克,最大规格为290克;商品蟹价格每千克50元,产值98.6万元。

2. 花鳍鱼　花鳍鱼的成活率较高,达95%以上。起捕的花鳍鱼最大规格200克,最小规格90克,平均125克;667平方米产量12千克,折合总产量2 400千克;花鳍鱼价格按每千克20元,产值4.8万元,667平方米增产值240元。

3. 花白鲢　从放养到结束,花白鲢的成活率为100%,花鲢平均规格为4千克,白鲢平均规格为2千克,总产花白鲢11 600千克。塘边交易价平均每千克5.8元,产值6.73万元。

全年总产值 110.13 万元,折合 667 平方米产值 5 456.6 元,除去各项成本 43.34 万元,得总利润 66.79 万元,折合 667 平方米利润 3 339.5 元,投入产出比为 1:2.54(表7)。

表7 养殖效益情况 （单位:万元）

产 值			成 本								利 润
河 蟹	花鲭鱼	花白鲢	螺 蛳	冰鲜鱼	饲料与蚕蛹	小 麦	苗 种	塘 租	工 资	其 他	
98.60	4.80	6.73	2.60	4.18	9.70	1.06	6.50	9.60	6.00	3.70	66.79

(三)注意事项

第一,养殖大规格的优质蟹、精品蟹,是今后的发展思路。增加螺蛳、冰鲜鱼的投喂量与合理的放养密度,可提高河蟹的养殖规格,效果明显。

第二,蟹塘搭养花鲭鱼,有利于池底环境的改善,而且还增加了花鲭鱼的产量,提高了养殖效益。13.33 公顷(200 亩)池塘总产花鲭鱼 2 400 千克,667 平方米产量 12 千克,可增加 667 平方米产值 240 元。

第三,根据不同的养殖季节,投喂相适合的河蟹饲料与防病措施,可提高池塘河蟹养殖的成活率。故改善池塘环境条件,营造一个适合于河蟹生长、栖息需要的良好生态环境;加强饲养管理,采用科学的河蟹养殖理念,如做好池塘清塘消毒,池底种植水草,池面设置隐蔽物,合理放养蟹种,科学投喂饲料,采取综合防病,改善水体环境条件等,有利于大规格河蟹的养殖和经济效益的提高。

(萧山区农业局卜利源)

四十六、黄颡鱼与河蟹混养技术

黄颡鱼,其肉质细嫩,味道鲜美,小刺,多脂,蛋白质含量为 16.1%,脂肪 0.7%,钙、磷含量居江河鱼类之冠,有益体强身之功效。该品种因其市场价格居高不下,已逐步成为国内一个新兴的名优水产养殖新品种,而且市场前景十分看好。为进一步探索黄颡鱼的养殖技术和养殖模式,提高养殖的综合经济效益,于 2004 年开展黄颡鱼与河蟹养殖技术试验,经 2 年的试验研究,取得了良好的试验效果。

(一)养殖技术

1. 池塘条件

(1)池塘选择　池塘选择在萧山民兴水产养殖场,均为成蟹养殖塘改造而成。池塘呈长方形,东西向,面积均为0.27公顷(4亩),四周用高度为50~60厘米的多功能薄膜围拦。以黄颡鱼养殖为主的试验池塘3个,计0.8公顷(12亩);河蟹塘混养黄颡鱼的试验池塘20个,计4.67公顷(70亩)。池塘深1.5~1.8米,水深1.2~1.5米,池底淤泥厚度为10厘米左右,坡度1:3。池塘排灌分设,进、排水十分方便,水源来自于养殖外河水,水质良好,无污染,pH值为7.5~8.5。

(2)池塘消毒　在冬季整修好塘埂和清除部分淤泥后,每667平方米池塘用生石灰150千克进行彻底清塘消毒,并暴晒1个月使池底干裂。

(3)水草设置　沿池塘四周种植水花生,一般每隔5米种植水花生一块,并根据生长情况适当施肥和稀疏,水花生的覆盖面始终保持池塘面积的20%左右。

2. 放养情况　见表8。

表8　放养情况

类　型	面　积 (公顷)	黄颡鱼		河　蟹		鲢鳙鱼	
		数　量 (尾/667米²)	规　格 (尾/千克)	数　量 (只/667米²)	规　格 (只/千克)	数　量 (尾/667米²)	规　格 (尾/千克)
以黄颡鱼为主	0.8	1300	50~80	900	150~200	45	10
以河蟹为主	4.67	150	45	1000	120~200	40	10

(1)以黄颡鱼为主的塘　每667平方米放养黄颡鱼种1 300尾,规格每千克50~80尾,同时每667平方米套养河蟹900只,花白鲢45尾。

(2)以河蟹为主的塘　每667平方米放养黄颡鱼种150尾,规格每千克45尾,同时每667平方米混养河蟹1 000只,花白鲢40尾。

3. 饲料投喂

(1)饲料品种　饲料原料主要为优质国产鱼粉、蚕蛹、蚌肉、豆粕、菜饼、四号粉、麸皮等,并通过自已配方加工而成。配方一般为鱼粉、蚕蛹、蚌肉等动物性饲料40%、四号粉25%~30%、豆粕、菜饼、麸皮等30%~35%。

(2)投饲原则　坚持"四定"、"四看"的投饲原则。四定是定质、定量、定位和定时;四看是看吃食情况,看活动情况,看天气变化情况和看生长情况等灵活掌握饲料投喂量与饲料配方。投饲量一般占黄颡鱼与河蟹产量之重的 2% ~3% 。

(3)投饲方法 ①以黄颡鱼养殖为主的塘,每天投饲 2 次,上午 8 ~10 时,下午 4 ~5 时,上午占总投饲量的 30% ,下午占总投饲量的 70% ;②以河蟹为主的塘,每天投饲 1 次,在傍晚进行。

4. 水质调控 放养时水位保持在水深 0.8 米左右,以后逐步加注新水,高温季节来临之前将池水灌至最满,要求达到水深 1.2 ~1.5 米。同时,每隔 5 ~10 天进换池水 1 次,每次进换水为 5 厘米左右,以保持溶氧量在每升 4 毫克以上。在整个养殖期间,始终保持水质清新,透明度稳定在 30 厘米左右,水色以油绿色或黄褐色为佳。每月对水泼洒生石灰 1 次,667 平方米用量为 10 ~15 千克,同时应用微生物制剂来改善水质,保持良好的水体生态环境。

5. 日常管理

(1)坚持早、中、夜 3 次巡塘 早晨巡塘,主要是检查池中有无病害、残饵、缺氧等情况。中午或下午巡塘,主要是观察池水变化和鱼类活动。夜间巡塘主要是观察河蟹摄食、活动情况及是否会出现浮头现象等。发现问题,及时采取措施和调整饲养管理方法。

(2)加强病害的预防 黄颡鱼放养时,用浓度为 3% ~5% 的食盐水进行浸洗鱼体 3 ~5 分钟;同时在春季和秋季两个鱼病高发季节,采用二氧化氯、溴氯海因进行水体消毒,杀灭病原体。发现河蟹有纤毛虫寄生,则及时用纤虫净(主要成分为硫酸锌)进行泼洒治疗。

(3)做好养殖日志记录 便于总结经验。

6. 捕 捞

(1)轮捕 采用直径为 13.2 ~19.8 厘米(4 ~6 寸)和长度为 1 ~1.2 米的 PVC 管,一端包扎网布,一端开口,并用绳子系住开口端。7 月下旬至 9 月底,部分黄颡鱼已达到 150 克以上。此季节,在傍晚将管子放入池中,清晨收捕。

(2)拉网牵捕 这种方法主要是起捕鲢、鳙鱼。

(3)徒手捕捉 在 11 月份开始,河蟹开始上岸,则采用徒手捕捉,并分雌雄,按规格大小分池暂养或上市销售。

(4)干塘起捕 在冬季,将池水抽干后对留塘的鱼、蟹等进行捕捞。

(二)效益分析

成本情况见表9,产量效益情况见表10。

表9 成本情况 （单位:元/667平方米）

类 型	苗种费			塘 租	饲 料	工 资	电 费	其 他	合 计
	黄颡鱼	河 蟹	鲢鳙鱼						
以黄颡鱼为主	231	270	26	330	3025	160	85	40	4167
以河蟹为主	61	280	23	330	1275	160	100	75	2304

表10 产量效益情况 （单位:产量千克/667米^2,产值、利润元/667米^2）

类 型	黄颡鱼		河 蟹		鲢鳙鱼		合 计		利 润
	产 量	产 值	产 量	产 值	产 量	产 值	产 量	产 值	
以黄颡鱼为主	173.6	5208	60.3	2410	70	420	303.9	8038	3871
以河蟹为主	35.5	1386	75	3300	80	480	190.5	5166	2862

1. 以黄颡鱼为主的塘 试验面积0.8公顷(12亩),总产量150克以上的黄颡鱼2084千克,667平方米产黄颡鱼173.6千克;总产河蟹724千克,667平方米产河蟹60.3千克;总产鲢、鳙鱼840千克,667平方米产鲢、鳙鱼70千克;实现667平方米产值8038元,利润3871元。

2. 以河蟹为主的塘 试验面积4.67公顷(70亩),总产黄颡鱼2485千克,667平方米产黄颡鱼35.5千克,其中150克以上黄颡鱼24.0千克;总产河蟹5250千克,667平方米产河蟹75千克;总产鲢、鳙鱼5600千克,667平方米产鲢、鳙鱼80千克;实现667平方米产值5166元,利润2862元。

(三)注意事项

第一,营造良好的生态环境条件,有利于黄颡鱼与河蟹的栖息、生长。选好池塘后,在塘堤上适量种植水草,一般要求沿池塘四周的池埂,在离正常水位以下10~20厘米处种植水花生,5米左右一块,并根据水草的生长情况进行适当施肥与修割,水草的覆盖面占池塘20%左右为宜,这样十分有利于黄颡鱼与河蟹的栖息、生长。

第二,黄颡鱼与河蟹混养的方式,能有效地提高池塘的经济效益和生态效益。每667平方米河蟹塘混养黄颡鱼150尾,可产黄颡鱼35.5千克,增加产值1386元,效果显著。

第三,根据黄颡鱼的生活习性,采用PVC管轮捕黄颡鱼,效果良好。一方面,起捕的黄颡鱼不易受伤,成活高;另一方面,通过实施轮捕,捕大留小,池塘的养殖效益得到了提高,轮捕黄颡鱼的价格每千克高达 40 元,比年底起捕价格高 30% 左右。

第四,黄颡鱼饲料问题。国内对黄颡鱼的饲料研究很少,本饲料配方肯定存在着不足,应加强对黄颡鱼饲料的研究与开发。

(萧山区农业局徐铃威)

四十七、鳜鱼网箱养殖技术

近年来,由于鳜鱼的天然资源量逐渐减少,市场价格日趋攀升,池塘养殖鳜鱼成为热门。网箱养殖鳜鱼可充分利用江湖、河道、水库等优良水域条件,具有生产机动灵活、投资少、设施简单、易于操作等特点。因网箱体积小,鳜鱼在人为控制的网箱内排泄物可以随时顺利地排出箱外,使箱体内水质始终保持清新流畅,既可增加鳜鱼捕食机会,又可减少捕食所消耗的能量,使鳜鱼在网箱内生长速度更快。网箱养殖既有利于大批量人工饲养驯化,又可进行高密度集约化养殖,降低饲料成本。网箱养殖鳜鱼易于捕捞操作,既有利于分级饲养,又可解决池塘捕捞上网率低的矛盾,能做到捕大留小,并根据市场需求随时均衡上市。因此,网箱养殖鳜鱼是一条开发水域资源,发展优质高效渔业,提高养殖效益的有效途径。

(一)河道要求

要求河道、大湖泊平均水深在 3 米以上,水质清新,溶氧丰富,水体透明度在 30 厘米以上,河道内有丰富的野杂鱼类。

(二)网箱设置

网箱采用单层聚乙烯有结网片缝制而成,网目以 1.2 厘米为宜,规格 12 米×8 米×2 米。网箱四角用毛竹桩扎成,网箱入水深度 2 米,水上高度 0.5 米,网箱呈“品”字形排列,在放养前 30 天下水,设置待用。

(三)鱼种放养

一般在 6 月 10 日左右放养鱼种,按网箱规格大小而定,12 米×8 米×2 米的每箱可放养 800 尾。种苗规格一般为体长 8 ~ 10 厘米,鱼种进箱前用 4% 的食盐水浸洗鱼体 15 分钟。

（四）投喂饲料

鳜鱼为肉食性鱼类，主要以鲜活的小鱼、小虾等为主。因此，要求限时供应规格适宜、数量充足的饵料鱼，这是网箱养殖鳜鱼成功的关键。一是捕捞和收购野杂鱼，品种有鲫鱼、鲦鱼（鳘鲦）、小虾等；二是培育小鱼，品种有鲢鱼、鳙鱼、鳊鱼等。饵料鱼的投喂方法应根据鳜鱼的不同生长阶段、水温和摄食情况确定。6~7月份，水温在21℃~28℃时，每隔7~10天投喂1次；8~9月份，水温在28℃以上时，每隔3~5天投喂1次；10~11月份，水温在10℃~20℃时，每隔15天投喂1次。投喂饵料鱼的规格一般为鳜鱼体重的40%左右，且1次投喂的数量为鳜鱼数量的20倍。

（五）日常管理

1. 经常巡箱　坚持每天早、中、晚3次检查网箱，同时了解和掌握鳜鱼的生长与摄食情况，发现问题，及时处理。

2. 定期洗箱　一般每隔7天清洗网箱1次，以清除附着在网箱上的杂物，使网箱内外水体交换畅通。

3. 适时投喂　投喂饵料鱼务必做到及时、充足、适口，使网箱内始终保持一定密度的、适口的饵料鱼，以利于鳜鱼的快速生长。

4. 其他　做好安全防护和记录工作。

（六）鱼病防治

河道内网箱养殖鳜鱼，常发病有赤皮病、锚头鳋、车轮虫。坚持重在预防，平时要经常在网箱内用漂白粉挂篓、吊袋等方法加以预防。同时，饵料鱼在入箱前用4%食盐水浸泡10分钟。

（七）及时起捕

一般到9月下旬开始起捕，养殖期100~160天，平均养殖成活率90%以上，鳜鱼规格每尾540克左右。

（八）效益分析

平均每只网箱价850元，下水后安装的平均费用100元，可使用5年以上，每年费用190元；鳜鱼苗种2 400元，饵料鱼7 600元，管理费用1 040元，每只网箱共计费用11 230元。每只网箱鳜鱼产值18 144元，利润6 914元，投入产出比 1∶1. 61。

（瓜沥镇沈国柱）

四十八、中华鳖与鳜鱼混养技术

萧山区瓜沥镇志龙特种水产养殖场位于萧山围垦区外八工段,该场有土地面积 7. 07 公顷(106 亩),养殖水面 4. 27 公顷(64 亩)。为了在有限的水产养殖面积中充分挖掘潜力,2006 年实施并养殖鳜鱼、甲鱼、加州鲈鱼、淡水白鲳、南美白对虾等名特优水产品种,同时开展中华鳖与鳜鱼混养技术,取得了十分显著的经济效益。

（一）主要技术

1. 改善基础设施 首先进行池塘改造,将池塘建成 0. 23 公顷(3. 5 亩)2 个,0. 47 公顷(7 亩)1 个,共 0. 93 公顷(14 亩)。同时为防止甲鱼外逃,池塘四周用高度为 60 厘米的石棉瓦进行围拦。其次是建造机埠、进排水渠,使进排水渠配套、方便,满足进换水的需要。三是配备和完善渔业机械,发电机组配套,同时每个池塘配套叶轮式增氧机 2 台。

2. 做好清塘消毒 在冬季进行清除池底污泥,整塘和暴晒池底,同时全池撒施生石灰,用量为每 667 平方米 150 千克,杀灭有害病菌。

3. 合理放养种苗 鳜鱼种选择当年培育的翘嘴鳜鱼种,规格为体长 5～10 厘米,共放养鳜鱼种 16 000 尾,平均 667 平方米放 1 143 尾。翘嘴鳜是生长速度最快的鳜鱼品种,而且体长 5 厘米以上鳜鱼种生长快,成活率高,饲料鱼容易解决。放养的鳖则选用日本品系的中华鳖,它具有生长快,进行外塘养殖病害少,成活率高,当年放养 150 克以上中华鳖(日本品系)2 800 只,重量为 602. 5 千克,平均 667 平方米放养 200 只。

4. 投喂优质饲料 鳜鱼所食的饲料鱼,一般 3 天左右放入 1 次,饲料鱼品种主要来源于外河中的小野杂鱼,使经济价值较低的饲料鱼当作高档鳜鱼所需的饲料,以提高养殖效益。共投喂活饲料鱼 33 660 千克,每 667 平方米投喂活饲料鱼 2 404 千克。鳖采用的饲料是用冰鲜鱼,而不是用鳖饲料,目的是为了提高鳖品质和价格。共投喂冰鲜鱼 530 冰,计 7 950 千克,折合每 667 平方米投喂 568 千克。

5. 加强防病防浮 一是池塘配套增氧机和发电机,防止高密度养殖鳜鱼引起的鳜鱼浮头现象;二是定期加注新水,使池塘水质始终保持良好的状态;

三是做到早、中、夜多次巡塘与检查摄食情况,发现问题及时采取有效措施。

(二)养殖效益分析

养殖产量、成本、效益分别见表 11 至表 13。

表 11　产量情况

养殖品种	放养数量	产量情况(千克)	
		总产量	667 米² 产量
鳜 鱼	16000(尾)	7483	534.5
鳖	2800(只)	1785	127.5

表 12　成本情况　(单位:元)

养殖品种	鱼 种	饲 料	水电费	塘 租	人 工	其 他	合 计
鳜 鱼	12800	148100					
鳖	42175	19875					
合 计	54975	167975	7140	7000	7000	4396	248486

表 13　经济效益情况　(单位:元)

养殖品种	总 产 (千克)	价 格 (元/千克)	产 值		利 润	
			总产值	667 米² 产值	总利润	667 米² 利润
鳜 鱼	7483	44	329252	23518		
鳖	1785	60	107100	7650		
合 计	9265		436352	31168	187866	13419

1. 产　量

(1)鳜鱼　总产鳜鱼 7 480 千克,折合 667 平方米产量 534.5 千克,捕获的鳜鱼最小 400 克,最大 750 克。

(2)鳖　总产鳖 1 785 千克,折合 667 平方米产量 127.5 千克。捕获的鳖都在 600 克以上。

2. 效　益

(1)鳜鱼　每千克 44 元,实现产值 329 252 元,折合 667 平方米产值 23 518 元。

（2）鳖　每千克 60 元,实现产值 107 100 元,折合 667 平方米产值 7 650 元。

合计总产值 436 352 元,667 平方米产值 31 168 元,扣除各项成本,总利润 187 866 元,667 平方米利润 13 419 元。

（三）注意事项

第一,鳜鱼与鳖混养,虽效益显著,但养殖风险较大。主要是鳜鱼与鳖均吃食高档饲料,如鳜鱼吃食活鲜小野杂鱼,鳖除吃食小杂鱼外,还吃冰鲜鱼,所以池塘水质容易变坏。因此在养殖过程中,必须密切注意水质,适时更换池水,并做到增氧机配套完备,严防缺氧浮头。

第二,切实控制病害发生。①要保持良好的水质状态,透明度最好控制在 30 厘米左右;②池塘清塘要彻底,淤泥必须清除;③投喂的饲料必须新鲜、适量;④一旦出现缺氧浮头的预兆或者摄食不正常等现象,必须及时采取相应的措施;⑤适时适量进行水体消毒,消毒的药物主要有生石灰、二氧化氯、强氯精等。

第三,鳜鱼与鳖混养,是一项高投入、高效益项目,如果管理不当,造成鳜鱼暴发性出血病,或者缺氧浮头泛塘等情况,则损失惨重,故必须切实加强饲养管理工作。

（萧山区农业局高雪娟）

四十九、珍珠蚌养殖塘混养鱼类技术

河上镇是萧山南片的半山区,有水产养殖面积 113.33 公顷（1 700 多亩）,其中鱼蚌混养有 100 公顷（1 500 亩）。长期以来,珍珠蚌养殖按常规的养殖方法,很少实行鱼类与珍珠蚌混养措施,没能充分利用养殖水体取得良好的经济效益。为进一步稳定发展渔业生产,提高渔业综合经济效益,根据该镇的水质条件和地理优势,2006 年在塘村畈 12 公顷（180 亩）鱼塘实施了蚌塘混养鱼类技术,取得良好的经济效益。

（一）池塘条件

养殖池塘由低洼田围拦而成,共 6 个,面积为 12 公顷（180 亩）。水源为水库水或山溪水,水质良好,无污染,池深 1.5 米左右,池底污泥厚度为 10 ~ 20 厘米,适宜于水产品养殖。

(二)饲养管理

1. 珍珠蚌吊养 12公顷(180亩)池塘中,总吊养珍珠蚌13.8万只,其中3龄珠蚌1.8万只,2龄珠蚌4万只,1龄珠蚌8万只。

2. 鱼种放养 蚌塘共混养老口鱼种26 100尾,其中500克左右的草鱼种1 800尾,平均667平方米放10尾;100~250克的鳊鱼种3 600尾,平均667平方米放20尾;250克左右的鲢鱼种5 400尾,平均667平方米放30尾;250~500克的花鲢鱼种2 700尾,平均667平方米放15尾;100~200克的异育银鲫9 000尾,平均667平方米放50尾;体长6厘米以上的鳜鱼种2 700尾,平均667平方米放15尾;500克左右的青鱼种900尾,平均667平方米放5尾;同时搭养少量带仔青虾。

3. 饲料投喂 在鱼类生长季节(4~10月份)池塘投喂少量饲料,以麸皮为主,并搭配少量米糠、菜饼、酒糟等。

4. 日常管理

(1)做好巡塘工作 每天早晚巡塘,检查水质、溶氧、鱼类活动和珍珠蚌的食道等情况。并做好养殖生产记录。

(2)做好水质调节 整个养殖期间保持水质清新,溶氧丰富,透明度30厘米左右,高温季节及时进水和换水,每次进、排水一般控制在5厘米左右,水色以茶褐色和油绿色为佳。

水质调节的具体做法:1~3月份气温低,选择天晴,以施有机肥为主,每月2次,每次每667平方米25千克,使水质慢慢变肥。4~5月份仍以施有机肥为主,水色呈茶褐色。6~8月份气温升高,如果施有机肥容易产生蓝藻过多,使水面出现水华,并发出恶臭味,败坏水质;遇天气突变,易引起严重缺氧,引起鱼蚌暴发性疾病流行,因此以使用复合肥为主,用量每667平方米1千克,对水泼洒,可保持正常水色和肥度。9~11月份,气温高施用复合肥,气温低施用有机肥。

(3)出现问题,及时采取相应措施 一旦出现鱼类浮头、珍珠蚌食道不充满等现象则及时进换池水,以保持良好的水质状况。若出现鱼类或珍珠蚌病害情况,则及时进行治疗。

5. 病害防治 在病害防治上,4月份鱼类易生寄生虫,用混杀金星(阿维菌素)杀虫1次,用量为每667平方米每米水深30毫升,隔1周再用生石灰10千克。8~9月份气候多变,鱼蚌均易患细菌性疾病,用二氧化氯或鱼虾康消毒1次,用量每667平方米每米水深200克,1周后再用生石灰10千克。这样既可起到防病治病的效果,还可提高水中的钙离子含量和调节水质的作用,从而进一步促进鱼、蚌正常生长。

6. 适时捕捞 鱼类一旦达到商品规格,平时就可进行少量起捕,因 4~9 月份鱼价相对较高,养殖效益也相对较好。捕捞的方法主要采用打网和丝网。当珍珠蚌出售后,则进行牵网捕捞和干塘捕捞。

(三)养殖效益分析

全年共产鱼、虾 29 392 千克,折合 667 平方米产量 163.3 千克,比原来的的珍珠蚌搭养鲢、鳙鱼的养殖模式产量高 110 千克左右。全年鱼、虾产值 267 600 元,折合 667 平方米产值 1 487 元,比原来的珍珠蚌搭养鲢、鳙鱼的养殖模式高 1 000 元左右。

(四)注意事项

第一,混养的鱼类不能过多,以 667 平方米产鱼、虾 150 千克左右比较适宜。

第二,养殖和管理方式上,应以珍珠蚌养殖为主,鱼类养殖为辅,施肥、用药优先考虑珍珠蚌的养殖。

第三,在养殖过程中,必须做好小杂鱼的控制。一是进水口通过 60~80 目的尼龙网进行过滤;二是适量混养鳜鱼,控制野杂鱼数量。

(河上镇俞立明)

五十、常规鱼塘综合开发技术

萧山区瓜沥镇航民村农场,位于萧山围垦区十工段,总经营面积为 44.67 公顷(670 亩),其中水产养殖面积 9.07 公顷(136 亩)。2006 年为了提高常规鱼养殖经济效益,在池塘配套自动投饵机与增氧机,实施常规鱼塘综合开发技术,取得了良好的经济效益。

(一)效益分析

池塘 14 个,面积 8 公顷(120 亩)。总成本 67.91 万元,667 平方米成本 5 659 元(表 14 至表 16)。

表 14　成本支出　（单位:万元）

种苗	饲料	工资	肥料	水电费	清塘与消毒	折旧与其他	合　计	
							总成本	667 米² 成本
24.40	24.49	6.27	1.82	3.51	3.59	3.83	67.91	0.566

表 15　产量情况　（单位:千克/667 米²）

产量情况	鲢鱼	鳙鱼	草鱼	鲫鱼	鳊鱼	河蟹	其他	合计
轮捕	141	67	119.5	81	32.5	0	0	441
干塘起捕	180	92.5	173	137.5	13.5	7.5	92.5	696.5
小计	321	159.5	292.5	218.5	46	7.5	92.5	1137.5

表 16　经济效益情况　（单位:元/667 米²）

鲢鱼	鳙鱼	草鱼	鲫鱼	鳊鱼	河蟹	其他	合计
1109	1007	2210	1371	310	300	927	7234

轮捕 5 次,667 平方米平均轮捕产量 441 千克,年终干塘起捕产量 696.5 千克,全年 667 平方米产量 1 137.5 千克。

全年实现总产值 86.81 万元,667 平方米产值 7 234 元,除去各项成本,获总利润 18.9 万元,667 平方米利润 1 575 元。

(二)主要技术措施

1. 改善基础设施　首先对池塘进排水设施进行改造,建好机埠、进排水渠,使进排水渠配套、方便,满足进换水的需要。其次是配备和完善各类渔业机械设施,发电机组配套,鱼塘配套叶轮式增氧机 25 台,自动投饵机 14 台。在养殖期间根据池塘水色、载鱼量、天气等情况及时开动增氧机,保持池水溶氧充足,鱼类生长快速良好。

2. 做好清塘消毒　年底进行清除池底污泥、整塘等,全池撒施生石灰,667 平方米用量 150 千克左右进行池塘消毒,杀灭有害病菌。

3. 实行多品种混养　为了充分挖掘池塘的生产潜力,实行多品种混养技术,合理放养鱼种,提高池塘水体的立体应用效率。放养鱼种有鲢鱼、鳙鱼、草鱼、鲫鱼、鳊鱼等,667平方米放养各类鱼种1350尾,同时搭养河蟹150只。

4. 投喂优质饲料 池塘设置自动投饵台,每个池塘设置自动投饵机1台。将优质颗粒饲料放入投饵机中,用投饵机投饵,从而减少饲料浪费和使鱼能均匀吃食。饲料来源一是购入商品饲料;二是自己设计配方,由饲料加工企业加工而成。池塘周边杂地种植杂交狼尾草、黑麦草,解决草鱼饲料问题,降低养殖成本。

5. 轮捕和套放夏花鱼种 根据鱼类的生长状况及时采取轮捕措施,全年共轮捕商品鱼5次,667平方米轮捕商品鱼产量441千克,占总产量的39%。同时,采取适时轮捕商品鱼和套养夏花相结合,解决老口鱼种的不足,提高养殖产量和效益。

6. 加强防病防浮 首先是定期加注新水,在6月份的雨季,则将池塘水深灌至1.5米以上,到高温季节,将池塘水深灌至2米以上。其次是定期消毒和施肥,保持良好的水质状况。根据池塘水质状况,适当适量进换池水,使池水保持肥、活、嫩、爽,透明度30厘米左右。三是做到早、中、夜多次巡塘与检查摄食情况,发现问题,及时采取有效措施,特别有浮头预兆时,及时开动增氧机;发现有病害情况,及时对症下药进行防病治病。

(三)注意事项

采取综合技术,养殖产值和利润比原传统的养殖方式要高1倍左右,但随着放养密度和投饲量的增加,产量的提高,应加强巡塘管理,严防缺氧泛塘。

(瓜沥镇沈国柱、张天安,萧山区农业局王科锋)

第五部分 林 特 篇

五十一、茶园简易设施栽培技术

茶园简易设施栽培技术(即茶园塑料大棚覆盖栽培技术)是萧山茶农的一项发明。该技术由闻堰镇黄山林场于1987年1月首创。1992年3月,农业部召集了16个省、自治区、直辖市代表前往黄山林场现场考察。本省余杭、泰顺、浦江、永康、缙云、景宁、兰溪、富阳以及安徽省十字铺茶场等地的相关专业人士也曾分别专程进行实地参观。经过区、镇茶叶专业技术人员的不断总结、推广和完善,目前,这一技术已臻成熟。

茶园实施简易设施栽培后,形成明显的温室效应,促使茶芽提前萌发、茶叶开采期提早。据连续1个月的定点观察,设施栽培茶园内的日平均气温比露天茶园高出11.9℃,日平均地温高4.2℃;在邻近、品种相同的露天茶园的新芽开始萌动的3天内,设施栽培茶园的新梢平均长度为露天茶园的3倍。设施栽培茶园的新茶开采期为1月上中旬,比露天茶园早采50天左右。

实施简易设施栽培可以显著提高经济效益。闻堰镇老虎洞茶场于2005~2007年3年,实施简易设施栽培茶园共5.83公顷(87.5亩),总产干茶733.5千克、总产值132.65万元,平均667平方米产量8.4千克、产值15 160元、每千克单价1 808.5元;未实施简易设施栽培的露天茶园共6.25公顷(94亩),总产干茶1 426.0千克、总产值79.09万元,平均667平方米产量15.2千克、667平方米产值8 414元、每千克单价554.6元;实施简易设施栽培茶园的667平方米产值为露天茶园的180.2%,茶叶单价为露天茶园的3.26倍。实施简易设施栽培采用钢架结构大棚的,每667平方米用钢材1.5吨,需9 450元,另需附件费用2 000元,合计11 450元,按12年使用年限计算,每年费用为954元;薄膜每667平方米100千克,需1 500元,可以用3年,每年费用为500元;覆膜和揭膜费用每年200元;采工费用每667平方米比露天茶园增加1 100元,总计每667平方米增加费用2 754元。这样,实施简易设施栽培每667平方米仍可比露天茶园增加收益3 992元。如果采用竹木结构大棚的,每667平方米增加的收益与钢架结构大棚大致相同。同时,实施简易设施栽培可以调节茶叶采制用工、缓和春茶期间劳力紧张矛盾,并在销售上赢得竞争优势,还能多

采一轮春茶。

（一）茶园选择与施肥

1. 品种选择　要选用萌芽期早、发芽密度高、适制龙井茶的早生茶树品种,如龙井43等良种。而一般群体品种,尤其是有迟生、紫芽、稀芽以及"瓜子片"等性状的茶则不宜采用;虽属早生、但抗寒性较差的品种如乌牛早、平阳特早也不宜采用。

2. 园相选择　选用茶树覆盖率在80%以上、无严重病虫害、长势较苗壮的成龄茶园。茶树缺株断行、树势衰败的茶园,或幼龄茶园不宜采用。

3. 地域选择　选用处于向阳背风的平地或缓坡、采光条件好、土壤肥沃、使用水肥方便的茶园。忌用处于阴坡、风口、土壤贫瘠、山高路远的茶园。

4. 施肥　茶园选定后,需要专门施1次肥。一般每667平方米茶园施用菜饼150~200千克、复合肥40~50千克加尿素20千克。施肥时间在9月中旬至10月初,若此时天气干旱,可适当延迟,但最迟必须在实施设施栽培前1个月施下,以利于分解、吸收。否则,如果化肥在采取设施栽培后再分解,容易损伤茶树芽叶,而饼肥则因迟施难以被茶树吸收。

（二）设施架设

目前多为竹木结构大棚和钢架结构大棚这两种设施形式。

1. 竹木结构大棚

（1）材料选用　厚度为0.07毫米的"三层共挤多功能"薄膜,667平方米用100千克左右。长度为250~300厘米、直径10厘米左右的木柱,或同样长度、截面10厘米×10厘米的水泥柱,667平方米用80根左右。毛竹（整株）,667平方米用2500~3000千克。圆钉、铁丝、稻草等辅助材料。

（2）搭架步骤

①立柱　按间隔300厘米×300厘米装好柱子,柱子的地上部分高度为200~250厘米,入土50厘米。

②架顶　先在柱子上搁好毛竹桁条,然后按60厘米间隔铺上毛竹椽子,再在两柱之间补架一根毛竹桁条（桁条间隔为150厘米）。在脊桁上交会和处于边缘的椽子顶端必须用铁丝扎上一层稻草,以保护薄膜。

③覆膜　在每根桁条间站立一人,用手拉着薄膜,边拉边退,直到薄膜完全展开为止。

④加固　在薄膜上面每隔2根椽子钉上毛竹片,薄膜周边再用泥土或砖

石压紧。并在大棚的两端安装可供人员进出和通风的密闭活动门。

2. 钢架结构大棚

（1）材料选用　厚度为 0.07 毫米的"三层共挤多功能"薄膜,667 平方米用 100 千克左右。设施栽培茶园面积大的茶场,可测出每个大棚长度与跨度,要求薄膜生产厂家按此直接定制,以节省薄膜。镀锌钢管,667 平方米用 1 500 千克左右。还需适量套管、卡簧、水泥、黄沙。

（2）搭架步骤

①立柱　按照每棚宽度 700 厘米间距,在纵向每隔 300 厘米竖立一根直径为 8 厘米镀锌钢管作为柱子。镀锌钢管长 200 厘米,其中地上部分 170 厘米,入土 30 厘米。再在柱脚周围浇注 25 厘米×25 厘米×20 厘米混凝土加固,以防地表下沉或大风吹刮棚架引起钢柱倾斜、松动而造成大棚倾倒。

②架顶　第一步,要架设檩、梁。按茶行长度,选用直径为 2.5 厘米的镀锌钢管,用电焊与钢柱焊接作为边檩。第二步,使用 4 厘米×4 厘米的镀锌角铁,与边檩焊接作为横梁。横梁长度为 700 厘米。再在横梁上焊接一根直径为 8 厘米、长 330 厘米的镀锌钢管,接着在这根镀锌钢管顶端垂直焊接一根直径为 2.5 厘米的镀锌钢管作为脊檩,脊檩与地面的距离为 290～300 厘米。第三步,使用直径为 2.5 厘米、长度为 365 厘米的镀锌钢管作为拱穹,其上端在脊檩上交会套入直径为 3.1 厘米、长度为 18 厘米的钢制连接套管中,并用卡簧固定在脊檩上;镀锌钢管的下端与边檩相焊接。第四步,在边檩上方约 40 厘米处的钢管上用连接件将一根薄膜卡槽固定。

③覆膜与固定　覆膜方法与竹木结构大棚类似。薄膜完全展开后,用标准卡簧将薄膜固定卡槽中,周边再用泥土或砖石压紧。并在大棚的两端安装密闭活动门。

（三）管理方法

1. 茶园与设施管理　设施建成后,应当指定专人负责,对设施和茶园作严格管护。为了有利于茶芽及早萌发,必须对秋梢进行打顶,还可追施"茶树催发素"等叶面肥。在气温骤升、设施茶园内温度达到 35℃以上时,要及时将两端活动门打开,进行通风散热,以免茶芽焦灼。遇到大风雨雪天气,必须及早对设施再做加固,以增强抗御能力。如遇破损倒塌,要尽快采取补救措施。

2. 茶叶采摘　要勤于对设施栽培茶园的茶芽萌发情况进行观察,当新梢达到 1 芽 1 叶至 1 芽 2 叶初展(长 1.5～2.5 厘米)标准就应及时采摘,以制作龙井茶。一般 1 月上旬可以采制新茶,到 3 月上旬采制完毕。在设施栽培期

间不应采制炒青等廉价大宗茶,否则会失去其经济意义。

3. 地块轮换 由于茶树冬、春季实施设施栽培,人为打破了茶树生长与休眠的自然规律,所以适宜设施栽培的茶园面积较大的生产企业应当考虑在部分地块连续实施设施栽培2~3年之后,另择合适地块交替进行设施栽培,以利于设施栽培茶园茶叶产量与质量的稳定和提高。

4. 茶树修剪 为了提早春茶采摘,减少茶芽损失,需要对茶树修剪时间做适当调整。应将原来春茶前修剪或秋季修剪,改为春茶采后修剪。修剪时间为4月10日至4月底。

(四)注意事项

1. 覆膜时间 一般是在11月中下旬,但应以是否下过一次透雨为准,不然,应延迟覆膜。如果到12月上旬仍未有过透雨,就要先覆膜,再采取在棚内灌水等方法改善水分条件。拆膜时间在翌年3月下旬或4月上旬。拆膜前10天左右,应当将两端活动门和周边薄膜在白天揭开、夜间放下,以便使茶树逐渐适应外部气候条件。

2. 设施规格

(1)单个设施面积 要因地制宜,一般最小应在2 000平方米(3亩)以上。因为设施面积大,空气容量就大,散热面积也相对较小,有利于保温。

(2)斜坡茶园高差限度 实施设施栽培的斜坡茶园的低端与高端之间地面高差不宜超过100厘米。否则,由于热空气上升,会造成低端与高端温度明显不均匀,致使低端温度难升高,而高端则热空气不断聚集易造成茶芽被灼焦。

（萧山区农业局杨昌云,闻堰镇金燕忠）

五十二、喷滴灌设施在山地梨园中的应用

蜜梨是目前发展势头较好的一个水果品种。浦阳镇从1995年开始引进发展蜜梨基地,所建基地大部分在山垄高田和低丘缓坡中。近几年由于气候变化无常,夏季雨水偏少,旱情经常发生,给梨树生产带来较大的负面影响,常造成梨树因缺水导致生长缓慢、果实畸形、产量和质量下降、提前落果落叶等,经济效益明显降低。为进一步提高山地梨园的总体收益,减轻因干旱带来的损失,瞿明果园安装节水灌溉"微喷"应用于梨园,效果显著。

（一）园地基本情况

瞿明果园面积 8 公顷（120 亩），该梨园为红壤土，pH 值 6.5，坡向坐西朝东南，有机质含量中等，实行梯田种植，密度 3.5 米 × 4 米，667 平方米栽 48 株，品种为翠冠、清香，树龄为 9 年生。

（二）设施安装及微喷灌使用技术及效果

在设施安装过程中，邀请有关专家根据原有的山坡立地条件和梨树布局情况，进行合理规划，并根据梨树的需水要求，在两株梨树间安装 1 个微喷头，工作时水喷头向四周均匀喷洒。

应用微型喷灌灌溉，具有灌溉效益高、水肥流失少、土壤不易板结等特点，且作物根系发达，与传统灌溉方式对照增产增效；同时，果实的商品性得到较大改善。

1. 节水，灌水质量高 微喷虽然在整个果园灌水并不均匀，但它把水直接输送到梨树的根部，满足梨树的需水要求，灌水质量高，而且微喷灌采用管道输水，靠近地面喷洒，大大减少了蒸发损失和输水过程中的损失，加之微喷是局部灌溉，减少了部分土壤无效耗水。

2. 对土壤、地形和作物的适应性强 微喷灌是一种管道输水、局部灌溉，水一直送到果树附近，它几乎适应各种复杂地形，与滴灌相比，由于微喷灌湿润面积比滴头大得多，避免大流量滴头在黏性土壤中发生地表经流或形成水洼，在透水性很好的沙土出现深层渗漏等问题，对土壤的适应性好，可用于各种地形土质下的果园。

3. 防堵塞性能好 采用的微喷头是经过多次筛选而应用的铜制微喷头，其孔径比滴头大得多，防堵塞性能好，对水质过滤要求较低。

4. 增产 微喷灌还可以结合梨树叶面施肥、喷药等，喷水时雾化程度较高，可以增加梨园湿度，调节土壤温度，具有显著增产作用，同时微喷灌还具有独特的景观效果。

（三）设施栽培经济效益及对比结果

经测定，实施的 8 公顷（120 亩）梨园，2007 年总产量 10.4 万千克，总产值 41.6 万元，比对照增收 11.04 万元。

经微喷灌溉梨园，2007 年平均 667 平方米产量 950 千克，对照（不喷灌）梨园平均 667 平方米产量 800 千克，667 平方米增产 150 千克；同时喷灌梨园

0.25 千克以下梨头减少,从 12% 下降到 7.5%,下降 4.5 个百分点;商品率提高,销售价格提高,平均每千克提高 0.4 元;667 平方米产值 3 800 元,667 平方米增值 920 元,且不易落果(表 17)。

表 17 梨园喷灌对产量产值影响情况

品 种	处 理	平均产量 （千克/ 667 米²）	增 产 （千克/ 667 米²）	250 克以 下果实 （%）	平均销 售价 （元/千克）	产 值 （元/ 667 米²）	增 产 （元）	备 注
翠 冠	喷 灌	950	150	7.5	4	3800	920	不易落果
	不 喷	800	—	12	3.6	2880	—	易落果

微喷灌溉技术在山地梨园的实施和应用,是提高梨产量和质量的一项有效措施,省工、省本、节水、灌溉及时,操作方便,喷洒均匀,雾化程度高,增产、增值效果明显。3 年可收回项目投资款,值得在山地梨园中推广应用。

(浦阳镇王其创)

五十三、梨棚架式栽培和二次套袋技术

梨的棚架式栽培是日本、韩国等地传统的栽培模式,由于它具有抗台风、能有效增大果型、提高果实品质等优点,且便于果园操作和果实管理,近年来已在各地推广应用。由于蜜梨种植必须在露天,受各种自然灾害的因素比较严重,而蜜梨成熟期正处在每年台风多发季节的 7~8 月份,利用常规栽培的梨园每年在台风中的损失平均在 15% 左右,而采用棚架栽培技术的梨园可以比常规栽培降低 5% 以上的损失。杭州萧山永富果蔬种植场于 2005 年开始建立 6.67 公顷(100 亩)梨棚架架式栽培,经济效益非常明显。

(一)梨棚架式栽培技术

1. 棚架结构 棚面高 1.8 米,周边围线,中设主线与副线。主线与主线间距 5 米(或视行株距而定),副线间距 0.8 米(图 4)。

2. 树形——开心形 主干高 1 米;主枝方位角 120°,基角 45°;第一副主枝距主干 1 米(图 5);第二副主枝在第一副主枝对侧,距第一副主枝 0.6~0.8 米,主枝和副主枝的空间 1.5~2.5 米(图 5,图 6);侧枝间距 0.4~0.5 米(见图 6)。

3. 修剪 采用疏、截、放、缩、拉等方法,使主枝、副主枝形成基本的树形

· 143 ·

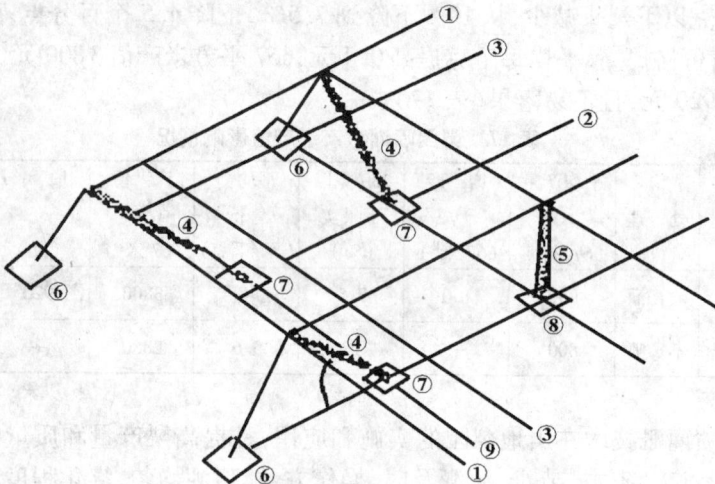

图4　网架栽培示意

①周边围线　②主线　③副线　④斜立杆　⑤直立杆
⑥地锚坑　⑦斜杆砼盘　⑧立柱砼盘　⑨园边
①与②之间为5m　①与③之间为0.8米

骨架。侧枝采用单轴延伸;3～4年更新1次,调节生长、成花、结果三种枝相,使其在主枝和副主枝的空间内轮换结果。

4. 生产管理

(1)花果管理　实行疏花芽、疏花、疏果和人工授粉。

①疏花序　为了提高商品果的质量和产量,实施科学的"三疏"技术,花蕾分离至开花前进行疏花序,花量大时,每30厘米留1个花序。

②辅助授粉　辅助授粉采用梨园放蜂或人工授粉。放蜂每0.67公顷(10亩)梨园放蜜蜂1箱,开花前10～15天将蜜蜂置于梨园中,采用放蜂授粉的梨园,花期禁止喷药。人工授粉前,采集花粉,当授粉树的花朵为大蕾期(呈气球状)时采下花序和花朵,取出花药置于干燥通风室内(温度20℃～25℃),花粉散出后用细筛筛去杂质,装入瓶内备用。早蜜梨开花1～2天内,采用人工点授、喷施花粉等方法。

③疏果　落花后2～3周内进行疏果,先疏去病虫果、伤残果和畸形果,按每间隔30厘米留1个果。一般每667平方米留6 000～8 000个果,老、弱树可适当少留。

(2)套袋　早熟蜜梨属于相对易管理又丰产的水果。根据积累的技术,

开心形整枝（平面图）

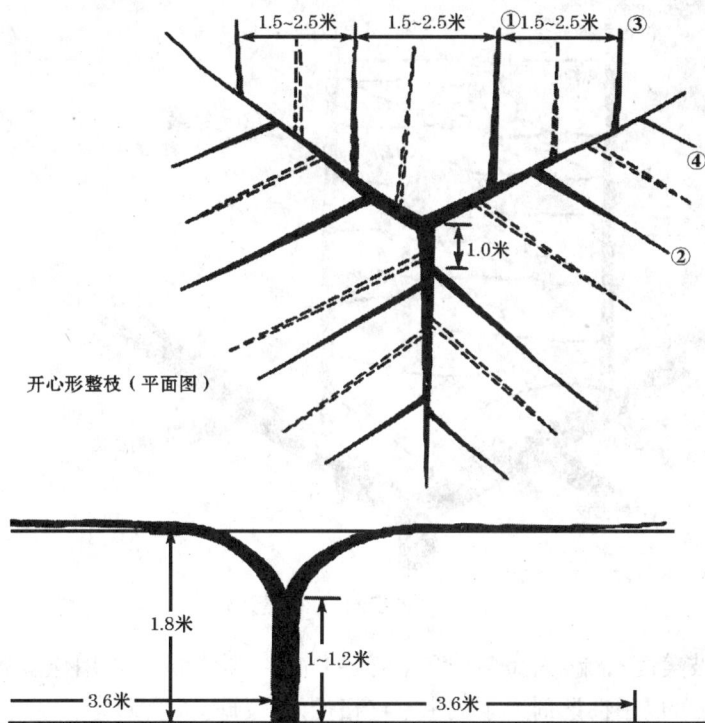

图 5　主枝和副主枝空间示意

采用 2 次套袋。第一次在 4 月底至 5 月初套小袋,第二次在 5 月中旬套大袋。套袋前喷施 1 次防治病虫害的药剂。套袋时先撑开通气口,使袋口尽量向上,果实在袋内悬空,扎紧袋口。通过不同的套袋方式发展色彩各异的蜜梨,增加色彩感和商品价值。

（3）肥水管理　土松、地肥、水足是获得梨园高产的关键,通过完善和建立园区灌、排水系统,实施降盐工程;开展梨园合理套种蔬菜、牧草等,饲养白鹅;增施有机肥和微生物肥料等措施,改善梨园土壤环境,为梨树创造适宜生长的环境,达到稳产、优质、壮树的目的。

（4）病虫害防治　影响梨树优质高产的主要病虫害有轮纹病、黑星病、黑斑病、锈病、腐烂病以及梨木虱、梨介壳虫、红蜘蛛、吸果夜蛾、小食心虫、大食心虫、梨花网蝽、金毛虫等。为了实施梨果无公害,在病虫害防治上遵循“预防为主,综合防治”的植保方针,加强病虫害的预测预报,掌握关键时期及时防治,做到防重于治,分清主次,科学用药,充分利用冬季清园、高效杀虫灯、阿维菌素等农业、生物、物理防治措施,减少化学农药的使用量。花前休眠期喷

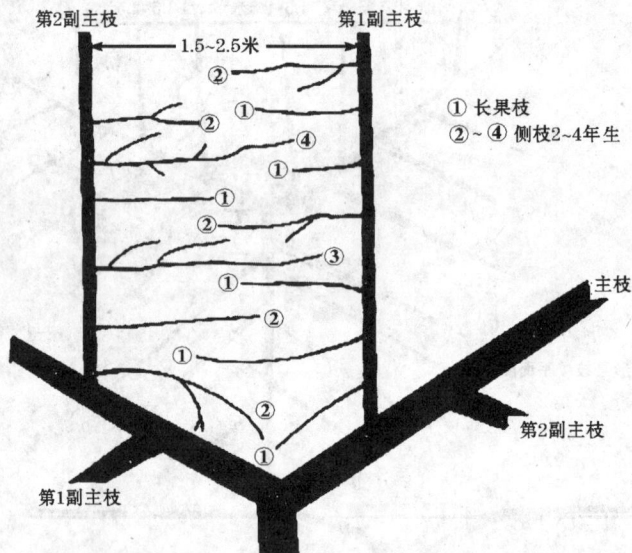

图6　副主枝间关系示意图

施1次5波美度石硫合剂(冬季和早春各1次)。防治害虫可用佳多频振灯进行诱杀,也可以用性诱剂诱杀成虫。严格控制好施药安全期。

(5)采收　早熟蜜梨果实发育期105天左右,采收适期为6月底至7月中旬。达到可采成熟的果实,可溶性固形物含量在13%以上,果肉硬度在4~5.5。采收时轻摘轻放,防止机械损伤。套袋果采收时应连袋一起摘下,装箱时再去袋分级。

(二)翠冠梨二次套袋技术

梨套袋是减少病虫危害、改变梨的皮色、提高梨品质和商品性的重要手段。梨套袋后可免受农药、强光等外界条件的刺激,降低果点木栓化程度,可防止果锈的发生和病虫的侵袭,还可使果色变浅,使面变得细嫩、洁净,从而达到显著提高商品果率、增加经济效益的目的。

此外,多雨的环境,土壤中氮肥过多、湿度过大,在病虫害防治时使用乳油农药,都会使梨果产生果锈,因此在这个时期果园内要控制氮肥和水分。在套袋前不应使用乳剂农药,而应选用粉剂、水剂农药。

由于翠冠梨的果实表皮容易上水锈,皮色花斑外观比较难看,为了提高翠冠梨外观品质,生产精品梨宜采用二次套袋的方法。

二次套袋:即第一次在 4 月中旬,在盛花后 20 天内,翠冠梨的幼果期,先套一个蜡纸小袋;第二次在盛花 30 ~ 45 天,再套 1 个双层的质量好的大袋。大袋的里层是白色的,梨的皮色会是绿色;里层如是黑色的,梨的皮色会是白色。

目前,生产上采用里层是白色的日本"小林"袋或台湾"台果"袋,生产绿色的翠冠梨,其外观漂亮,糖度较高,果大味美,在市场上受到普遍欢迎(图 7,图 8)。

图 7　进行二次套袋的翠冠梨

图 8　二次套袋的精品翠冠梨

（新湾镇童文君、孙关兴）

五十四、葡萄连体大棚避雨栽培技术

葡萄生长忌多雨、高湿。萧山农二场、临浦、河庄等地农户从实际出发,因地制宜,全部采用连体大棚避雨栽培、肥水滴灌技术,形成了适宜葡萄生长的棚内小气候,确保葡萄的高产稳产、优质高效。

避雨栽培是以避雨为目的将薄膜覆盖在树冠顶部的一种方法。在我国南方多雨地区采用,可以减少病害侵染,提高坐果率和产量,改善果品质量,避免雨日误工,提高劳动生产率,扩大欧亚种葡萄的种植区域。

据对杭州美人紫农业开发有限公司 3.33 公顷(50 亩)醉金香葡萄基地测产,种植第二年 80% 单株始产;第三年平均株产量 4.2 千克,折合 667 平方米产量 1 092 千克,总产量 54 600 千克。果实成熟期为 7 月上旬。避雨栽培有效地控制了黑痘病、炭疽病及吸果夜蛾等病虫的危害,优质果实商品率达98%。由于成熟期提前和品质优良,经济效益十分可观,栽植 3 年总收入91.12 万元,纯利润 46.39 万元。基地生产的葡萄果实每千克售价 16 元,比其他地方种植同品种果实售价 10 元高出 60%。

(一)避雨栽培方式

1. 简易避雨设施 顺行向每 4 米立一水泥柱,柱高 2.5 米左右,立柱埋入土中 0.6 米,地上 1.9 米,两边(头)需向外倾 30°,并牵引锚石。每根立柱上架 2 根横梁,下梁长 0.6 米,离地 1.15 米,上梁长 1 米,离地 1.55 米。于离地 0.8 米柱两边拉 2 道铁丝固定,两道横梁离边 5 厘米处各拉 1 道铁丝。上用竹片成拱形架,行与行相连。适用于篱架式栽培。

2. 钢管连栋大棚设施 其框架由镀锌矩形管和圆管组成,覆盖材料为塑料薄膜。跨度 6~7.5 米,开间 3 米,檐高 2.5~3 米,顶高 4~4.5 米,主要结构为双扇移门、天窗、立柱、天沟、屋架、天窗开闭机构、摇膜机构等。能抗风力10 级风以下、抗雪压厚度 15 厘米以下。

(二)盖膜要求

避雨栽培一般在开花前覆盖,落叶后揭膜,全年覆盖约 7 个月。避雨覆盖最好采用厚度 0.08 毫米的抗高温高强度膜,可连续使用 2 年。而厚度 0.12毫米的普通聚乙烯膜经高温暴晒后易老化,8~9 月份遇台风膜易被撕裂,一般仅能有效覆盖 4 个月左右。棚架、篱架葡萄均可进行避雨覆盖,在充分避雨

前提下,覆盖面积越小越好。水平棚架最好采用波形覆盖,每2.5米为一波,雨水在波谷流下入排水沟,这样可尽量保护架面,仅在波谷处受到雨淋,影响较小。篱架和宽顶立架,枝叶水平伸展一般在1米以内,覆盖1.4米的水平宽度即可。

为了避免薄膜在架面上形成高温以损伤叶片,一般要求覆盖架谷部离开葡萄架面20厘米,顶部离架面90厘米,膜上要用压膜线紧扣或用尼龙绳压膜固定。

(三)避雨栽培管理技术要点

1. 定植当年的管理 定植当年为露地栽培,管理是否到位,直接影响到翌年投产的高低,也关系今后能否稳产优质。因此,加强管理显得尤为重要。

(1)土肥水管理 以改良土壤为主,加强肥水管理。定植时挖沟、施足基肥,三沟配套。定植后地膜覆盖,苗发芽后薄肥勤施,方法是开沟施入。上半年每15~20天施1次,下半年20~30天1次,肥料以含钾复合肥为主,先少后多。平均每667平方米施用量不超过15千克。9月中旬施基肥,方法是在离树干50~80厘米处挖宽60厘米、深60厘米的条沟,每667平方米施入猪、鸡粪5 000千克、磷肥120千克。施肥时如遇天旱要及时灌水。梅雨季节雨水过多时,要注意及时排水,高温干旱要及时灌水,以确保小苗正常生长。

(2)树体管理 苗芽萌发后,保留2个芽,其余全部抹除。抹芽时尽量保留低节位的芽,不定芽首先要抹掉。待新梢长到50~60厘米时,开始绑梢,选定2根新梢作主蔓,呈"八"字形绑缚。如果只有1个新梢,必须在长到50厘米时摘心,利用顶端2根副梢作为主蔓。当新梢超过第一道铁丝10厘米左右、新梢长度约80厘米(篱架离地面第一道铁丝70厘米)时,对新梢(主梢)进行摘心,并保留摘心口下面的3根副梢(中间为主蔓、两侧为结果母枝)。基部40厘米以内副梢抹光,其余副梢统一保留一叶摘心,待3根副梢长50厘米时再进行摘心,方法同前。树形目标要求成熟长度1.5米以上具有2根主蔓,每主蔓4~6根结果母枝。

(3)病虫害防治 第一年露地栽培,以农药防治为主。萌动期用1:10硫酸铵液(3月底),洗澡式喷布;4月底至5月初用80%大生可湿性粉剂600倍液+0.3%尿素;5月中旬前后用80%大生可湿性粉剂600倍液+0.3%尿素+40%乙酰甲胺磷乳油1 500倍液;6月初用1:0.6:240倍波尔多液+0.3%尿素;6月中旬再用10:8:220倍波尔多液+0.3%尿素;7月初用1:1:200倍波尔多液+0.3%尿素;7月下旬用50%多菌灵可湿性粉剂500倍液+

0.2%磷酸二氢钾;7月底至8月初用80%大生可湿性粉剂600倍液+0.2%磷酸二氢钾;8月下旬至9月初用1:1:200倍波尔多液+0.3%尿素喷雾。

(4)冬季修剪　对主蔓留6~8个芽剪截,其他枝条去掉。

2. 投产园的管理

(1)肥培管理　葡萄需肥量较大,因此要重施基肥,因树而适施追肥。

①基肥　10~11月份落叶前,在距植株50~60厘米的两侧开深30厘米、宽20厘米的基肥沟,每株施入鸡粪20千克、菜饼1千克、禽类毛末0.5千克、复合肥0.5千克、磷肥0.5千克。盖土后,浇透水。

②追肥　催芽肥,促进花芽继续分化,提高萌芽率和萌芽整齐度,在萌芽前2月10日左右,每667平方米施氮:磷:钾比例为15:15:15的复合肥25千克。花前肥,开花前667平方米施复合肥40千克。花后肥,分2次,盛花坐果后施25千克三元复合肥和15千克尿素;再隔7~10天施1次复合肥,每667平方米施进口三元复合肥40~50千克+10~15千克尿素。提高果实品质肥,在果实进入软化期之前(大约5月下旬),667平方米施硫酸钾50千克。施追肥要用挖浅沟的方法,最好是挖成半圆形浅沟。施后若天气干旱则要及时浇水。

③根外追肥　在花期可喷0.2%硼砂溶液,在果实膨大期至着色期可喷(或结合喷农药)0.2%尿素+0.3%磷酸二氢钾溶液。

(2)树体管理

①枝梢处理　萌芽后能分清芽强弱时,抹去过强、过弱及过密的芽,使保留的芽按15~20厘米的间距均匀分布。当部分新梢长度超过50厘米时开始绑梢,绑梢结合定梢、主梢摘心和副梢处理进行。花前7~10天,要继续对枝梢做1~2次疏梢,除掉生长势太旺和太弱的2类梢,尽量保留长势均匀的中庸新梢。花前3~5天对保留的新梢于花序以上留7~8片叶摘心。主蔓延长梢也要适时摘心,以利于培养翌年的结果母枝。对结果枝顶端的1~2个副梢留2片叶反复摘心,果穗以下的副梢从基部抹去,其余副梢留1叶去生长点"绝后摘心"。在副梢处理的同时,摘除卷须。

②花果处理　疏花穗,疏掉弱枝上的花序应在花前结合除梢进行。在花前每一结果枝应只留1个花序。整花序,一般在花前5~7天或初花期,大花序要去除副穗、主穗基部2~4个支穗和穗尖部分,只保留花序中下部10个小支穗,长度10厘米左右;中花序去副梢,主穗基部及穗尖少去。疏果粒,谢花后20天疏除畸形、果柄细弱、朝内生长的果,每穗控制在60~70粒为宜。

③套袋　待落果稳定后(幼果开始膨大期)及时套袋。套袋前先要喷1

次 10% 世高水分散粒剂 1 500 倍液或 78% 科博 600 倍液,对幼果全面喷布,防治炭疽病、白腐病的发生,让果穗带药入袋。果实采收前 15 ~ 20 天拆袋,促进果实着色。

④病虫害防治 病虫害防治要按照生产无公害果品的要求,采用综合防治。要重视改土施肥,培养健壮的树势,密切注意大棚内的通风透光条件。农药防治要有针对性,萌芽前(2 月底)用 3 ~ 5 波美度石硫合剂全园喷洒;发芽至开花前(3 月上旬至 4 月下旬)用 80% 大生可湿性粉剂 700 ~ 800 倍液加 80% 敌敌畏乳油 1 500 倍液,防治绿盲蝽、灰霉病;花前至初花期喷 1 次 50% 速克灵可湿性粉剂 2 000 倍液加 0.1% 硼砂;开花后至幼果第一次膨大结束(4 月底至 5 月底),先喷 50% 农利灵 1 000 倍液加 0.1% 硼砂,防治灰霉病促进坐果,隔 7 ~ 10 天再喷 75% 代森锰锌可湿性粉剂 700 ~ 800 倍液加 0.2% 磷酸二氢钾,防治白粉病、白腐病;5 月中下旬喷 1 次乐斯本乳油,防治透翅蛾;果实套袋前要补喷 1 次杀虫剂、杀菌剂(同前);果实第二次膨大至果实去袋前,可用 1:0.6 ~ 0.8:240 倍波尔多液或 75% 达科宁可湿性粉剂 1 000 倍液加 80% 敌敌畏乳油 1 500 倍液交替使用,防治白腐病、炭疽病、裂果病、虎天牛、天蛾;果实采收后用 1:1:240 倍波尔多液加 90% 晶体敌百虫 800 倍液加 0.3% 尿素,连喷 2 ~ 3 次。

⑤冬季修剪 每 667 平方米留芽,第二年 4 000 ~ 5 000 个,第三年以后 6 000 ~ 7 000 个;结果母枝按留芽 10 个以上修剪。

(3)水分控制

①开好排水沟 对地下水位高的田块,在四周开排水沟,沟深至少 1.5 米、宽 2 米左右;园内沟深 60 厘米左右、宽 60 厘米左右。梅雨季节防止积水,干旱时要在傍晚进行浇水,有条件应安装滴灌。

②地膜覆盖 用 0.03 毫米厚薄膜或上年用过的天膜,最好用银黑双色地膜覆盖畦面,保持土壤供水均匀,有效地防治裂果,促进果粒着色。

③花期控水 花期不宜浇水,大棚内湿度不宜太高。阴雨天通风时间宜短。

(4)中耕除草 及时松土,冬季离树干 40 厘米全园中耕或套种蔬菜;棚内杂草要清除,不宜使用草甘膦等除草剂。

(萧山区农业局王世福,美人紫公司沈月芳,第二农垦场鲍传林、董伟)

五十五、花木培育新技术——容器栽培

容器育苗是指利用各种容器装入营养基质培育苗木的生产方式。绿化苗木容器栽培在发达国家已经有30多年的历史,在我国还刚刚起步。萧山花木实施容器育苗也是近5年的事,但发展速度较快,2007年全区容器培育各种品种的扦插苗4亿株、成品苗0.5亿株,生产规模在全省、乃至全国处于领先水平。

容器育苗同传统的绿化苗木地栽生产方式相比较,有如下优势:一是容器苗木根系发达、移植成活率高、株形保持完整,种植前不用修剪,可以一次成形、立竿见影,园林绿化效果好。二是容器栽培生产方式无季节限制,可全天候地供应园林绿化苗木,满足绿化施工需求,非常适合于施工工期特别紧的园林绿化工程项目,能最大限度缩短工期,提高项目整体效益。三是容器栽培生产方式集约化程度高,给绿化苗木创造了最佳的生长发育条件,苗木的质量明显提高,生长速度大大加快,经济效益十分显著。四是传统的绿化苗木地栽生产方式苗木出圃时往往要带土球,使土壤耕作层受到一定的破坏,生产几年后耕作层越来越薄,土壤肥力下降;而容器栽培方式可以有效地保护苗圃的土壤耕作层,大大延长苗圃生产年限,有利于实施可持续发展,具有很好的生态效益和社会效益。五是容器栽培生产方式是离地生产,不受土壤肥力、土壤理化性质的影响,不需占用肥力较好的土地,可以利用荒滩、盐碱地等不适合地栽的土地,使土地使用成本下降,还可避免与其他种植业争地矛盾。因此,实施容器栽培是花木产业发展的方向,发展容器苗木大有作为。

(一)育苗地的选择

容器育苗的苗圃地应选择地势平坦、排水良好处,切忌选在地势低洼、排水不良、雨季积水和风口处;虽对土壤肥力和质地要求不高,但应避免选用有病虫害的土地;选择苗圃地时对水质的要求较高,必须选择有充足、无污染淡水水源的地区,同时要有配套的电力设施,交通也比较方便。就萧山而言中南片地区比较适合容器苗的发展。

(二)营养土的配制

1. 营养土应具备的条件 营养土是培育容器苗的主要条件,它直接影响苗木的生长,是容器苗成败的关键环节。营养土应具备的条件为有苗木生长

所需要的各种营养物质;经多次浇水,不易出现板结现象;保水性能好,而且通气好,排水好;重量轻,便于搬运;最好用经过火烧或高温消毒的土壤,可以消灭病虫害及杂草种子,减少育苗过程中的除草等工作。

日本采用烧土杀菌机进行土壤消毒,效果良好。据试验,把土壤放在不同温度下进行短时间的热处理,其效果如下:① 49℃~60℃大部分植物的病菌和细菌死亡。② 60℃~70℃一切植物的病菌及大部分植物的病害、病毒死亡,土壤中昆虫及虫卵也死亡。③ 70℃~80℃大部分杂草种子死亡。④ 90℃~100℃抵抗力强的病毒及植物种子死亡。⑤用80℃左右的温度进行短时间的土壤处理,土壤中的有机质不会受损失。

2. 营养土的配制

(1)营养土的材料　容器育苗中常用来配制营养土的材料有林中腐殖质土、泥炭土、未经耕种的山地土、磨碎的树枝、稻谷壳、蛭石和珍珠岩等。

(2)营养土的配制　营养土的配制要根据培育苗木的生物学特性和生态要求,合理确定营养土的基质配比。要充分利用当地的土壤、原材料和肥源,因地制宜、综合利用,做到既经济、节约成本,又能保证苗木的健康生长。

通用的配方:①烧土78%,完全腐熟的堆肥20%,过磷酸钙2%。②泥炭土、烧土、黄心土各1/3。③本土50%,泥炭20%,砻糠30%;每100千克另加钙镁磷肥1千克。④松鳞70%,泥炭20%,黄心土10%;每立方米另加缓释肥3千克。

(三)容器的装土与定植

容器中的营养土因混有肥料,在装土前必须充分混合,防止出现苗木生长不均匀,最好混合后堆放一段时间再用,以免烧伤幼苗。容器中填装营养土不宜过满,浇水后的土面一般要低于容器边口1~2厘米,防止浇水后水流出容器。

容器的排列密度,要依苗木枝叶伸展的具体情况而定,以便于植物生长、操作管理及节省土地为原则。排列紧凑不仅节省土地,便于管理,而且可减少蒸发,防止干旱。但过于紧密则会形成细弱苗。

苗木在容器中定植时,应避免晴热、干燥、大风天气,最好选择阴天进行,定植时注意苗木直立、根系舒展,并适当压实营养土,种后及时浇透水。

(四)容器苗的培育管理

1. 水分管理　浇水是容器育苗成功的关键环节之一,尤其在干旱地区,

应更加注意浇水。在幼苗期水量应足,促进幼苗生根;到速生期后期控制浇水量,促其茎的生长、粗壮,提高抗逆性。

浇水时不宜过急,否则水从容器表面溢出而不能湿透底部;水滴不宜过大,防止营养土从容器中溅出,溅到叶面上影响苗木生长。因此,在浇水方法上常采用滴灌或喷灌,一般采用喷灌。要求采用喷水、干燥交替进行,即当容器壁干燥后再行浇水,这样侧根数较多,苗木生长健壮。

2. 补充养分　苗木的生长和形成完整的根系,补充养分是不可少的。一般采用追肥的方式,且多与浇水结合进行。施用根外追肥,但要控制浓度,浓度过大则产生苗木烧伤现象。在整个生长期,为满足苗木不同生长时期所需要的各种养分,应随时调整肥料用量和配比。

3. 其他　病虫害防治要采取预防为主、综合防治的方针;除草要掌握除早、除小、除了的原则;修剪、整形要根据园林需求、培育方向分别对待。

(萧山区农业局沈伟东、邱春英、来志法)

第六部分　综合篇

五十六、幼龄茶园套种春马铃薯种植技术

戴村镇现有耕地面积 1 260 公顷(1.89 万亩),山林面积 3 607 公顷(5.41 万亩),其中有林特基地 366.67 公顷(5 500 亩)。为充分发挥林特业生产资源,挖掘生产潜力,针对戴村镇幼龄茶园、果园面积大的特点,近几年来,该镇在幼龄茶园中套种了春马铃薯、大豆、花生等作物,累计套种面积 37.07 公顷(556 亩),并产生了较好的经济、生态、社会效益。现将套种马铃薯栽培技术介绍如下。

(一)效益分析

2005 年,该镇引进试种加工型马铃薯新品种大西洋,在萧山云石农业综合发展公司基地内利用幼龄茶园套种面积 9 公顷(135 亩),经调查测产,每 667 平方米马铃薯产量 370.6 千克,收购价每千克 1 元,产值为 370.6 元,成本 150 元,纯收入 220.6 元,为农户增加收入近 3 万元,经济效益明显。马铃薯收获后茎叶还田,又可改良土壤,提高土壤肥力,促进幼龄茶树的成长,具有良好的生态效益。

(二)栽培技术要点

1. 土地选择及套种原则　加工型马铃薯新品种大西洋种植地宜选择地势偏高、排灌方便的山坡杂地,如果地势低洼,容易积水,则影响种薯发芽,降低成苗率。茶园套种要坚持以茶树为主、套种为辅的原则,应在不影响茶树生长的前提下进行,故宜选择幼龄茶园,在茶叶未产前套种。

2. 整地施肥　在播前对幼龄茶园要进行一次除草,然后做好整地开穴工作,用护地净 1~2 千克防地下害虫;结合整地施足基肥,667 平方米施高浓度复合肥 25 千克,使土肥混匀,以避免种薯与化肥直接接触。

3. 适时播种　以 1 月上旬播种为宜。播前根据种薯大小和芽的多少进行切块,切块时要求切口距离芽 1 厘米以上,每个切好的薯块至少带 1 个粗壮芽。切好的小薯块要先用 50% 多菌灵或 70% 甲基托布津 300 倍液浸种 10 分

钟左右,捞出蘸上草木灰,稍晾干后即可播种。

4. 合理密植   马铃薯在距离茶树50厘米左右播种,株距25~30厘米,每667平方米幼龄茶园套种马铃薯1 200~1 400穴。套种密度不宜过大,过大会与茶树争光,造成当年茶树生长缓慢,影响茶树的树势和后续生长能力。播后覆土,也可盖稻草至不露籽为止。

5. 田间管理   马铃薯幼苗期主要抓好除草培土为主的日常管理,在马铃薯生长中后期喷施1次0.2%磷酸二氢钾叶面肥,中后期用70%甲基托布津1 000倍液防晚疫病2~3次。5月底至6月初及时收获。

适当增加茶树的施肥量。幼龄茶园套种马铃薯后增加了养分的输出,故马铃薯收获后宜适当增加肥料的用量,以满足幼龄茶树生长的需要。

(戴村镇孙越信)

五十七、果园套种迷你番薯高效栽培技术

番薯是萧山南片地区的传统作物,楼塔、河上等地农户利用山地优势,种植高山红心番薯来提高效益。在果园中套种番薯等矮秆作物是一种比较有效也比较新型的种植方式,不仅可以防止果园水土流失,改善果园生态环境,而且还可以改土培肥,提高土壤保水保肥能力,有效利用土地,提高土地产出效益。特别是近年来,口味佳、商品性强、经济效益好的新品种迷你番薯的推广种植,效果更明显。

(一)种植效果分析

1. 减少了水土流失   种植不到2年的果园,由于树间空宽、土壤裸露面积大,易造成水土流失。套种番薯后,增加了地面覆盖度,减缓了地表径流,起到保土、减少蒸发等作用。

2. 改善了生态环境   果园套种番薯,增强了土壤蓄水保肥能力,收获后,把藤叶返回果园作有机肥料,既培肥了地力又抑制了杂草,提高了土壤肥力,形成了水、肥、气、热协调的生态系统,使园土得到改良和熟化,为果树生长发育创造了良好的环境,可促进果树快长。

3. 提高了经济效益   利用果园套种迷你番薯,最大特点是打破了果树生产的单一化。由于果树生长周期长,少则3~5年,多者十几年,投资大,回收慢。果园套种番薯能提高土地利用率,一般667平方米可收番薯1 500千克左右,高产的可达2 000千克以上,增加收入3 000元以上。

(二)主要技术要点

1. 精耕细作 丘陵山地果园套种迷你番薯,土地要精耕细作。一是要修水平梯田,实行等高种植。这不仅可有效拦蓄雨水,避免水土流失,又便于耕作和管理。二是要深耕蓄水。套种迷你番薯的果园应进行深耕,翻埋杂草,有效提高土壤贮水能力,改善土壤通透性。三是要平整畦面。耕地质量要达到"深、松、细、平"的标准。

2. 合理套种 一般在定植 1 ~ 3 年的果园内进行套种,随着果树的生长,树冠增大,套种的面积逐年缩小。套种迷你番薯面积大致比例为:头 2 年 70% ~ 75%,第三年 60% 左右。

3. 栽培管理

(1)做垄 以果树行间离开树基 100 厘米外做垄,根据行间距离,选择宽垄双行或窄垄单行。做垄时要施足基肥,667 平方米施腐熟栏肥 1 000 千克、磷肥 60 千克,条施于垄心。

(2)扦插 迷你番薯的采苗扦插时间一般在 5 月中旬,如用地膜覆盖,可适期早栽。扦插密度,宽垄双行种植规格为(110 厘米 ×30 厘米) ~ (120 厘米 ×26 厘米);窄垄单行种植规格为(70 厘米 ×24 厘米) ~ (75 厘米 ×20 厘米),每 667 平方米 4 000 ~ 4 500 株。扦插方式应提倡采用浅平插或斜插。

(3)追肥 扦插后 15 ~ 20 天,667 平方米施硫酸钾 30 千克;扦插后 30 天施硫酸钾 35 千克,施于畦面。在旺长季节,喷施微量元素肥料,促进果实膨大,提高产量。

(4)提蔓 在生长中后期,选晴天露水干后进行提蔓,提蔓次数和间隔时间以防止不定根的发生为准。

(5)采收 采收具体时间可根据当地气候、品种特点,结合市场需求来确定。一般当商品薯重量占总产量 70% 时,即可以收获。最迟在降霜之前收获,不要在雨天收获。

4. 病虫害防治 病虫害防治需果树与迷你番薯两者兼顾,尤其对害虫应同时防治,杀灭虫源。迷你番薯害虫主要有斜纹夜蛾、甘薯叶甲。斜纹夜蛾的防治时间在 6 月下旬,用 10% 除尽悬浮剂 1 000 倍液或 5% 抑太保乳油 800 ~ 1 000 倍液或 48% 乐斯本乳油 1 000 倍液喷雾;甘薯叶甲防治时间在薯苗扦插后 30 天,用 20% 三唑磷乳油 600 倍液或 2.5% 敌杀死乳油 4 000 倍液喷雾。迷你番薯的主要病害有甘薯病毒病、甘薯黑斑病等。防治方法,要选择抗病品种,苗床发现病株要及时拔除,种薯在育苗前用 80% 的 402 药剂 2 000 倍液浸

5 分钟,采好的苗用 25% 多菌灵可湿性粉剂 1 500 倍液或 70% 甲基托布津可湿性粉剂 2 000 倍液浸 10 分钟。

针对不同果园,做好病虫害防治工作。以梨园为例,重点应抓好几个时期的防治工作。①2 月底至 3 月初在梨树萌芽前用 3 ~ 5 波美度石硫合剂全面喷洒 1 次;②梨树花谢后,每隔 7 ~ 10 天用 15% 粉锈宁可湿性粉剂 1 500 ~ 2 000 倍液连续喷 2 ~ 3 次,防治梨锈病的发生;③套袋前分别用 50% 托布津可湿性粉剂 800 倍液或菊酯类农药 1 500 ~ 2 000 倍液全面喷 1 次,对梨黑星病、黑斑病及蚜虫、梨木虱、蝽象、食心虫等进行综合防治;④水果采收后至落叶前,用多菌灵等喷 1 ~ 2 次,尽量延长梨叶寿命。

5. 藤叶返园 迷你番薯收获后将藤叶全部覆盖果树根周围,对抗旱保墒和土壤熟化具有重要意义。藤叶腐化后能增加土壤有机质,培肥地力,从而达到促进果树生长的最终目的。

(楼塔镇余丹平、楼仙法、俞永和)

五十八、鲜食大豆—桑苗种植模式

萧山围垦地区属砂壤土,非常适宜桑苗繁育。近年来全区平均每年有桑苗繁育面积 0. 13 万公顷(2 万亩),其中新湾镇种植面积占 60% 以上。桑苗繁育周期一般需要 7 ~ 9 个月,前后作的茬口很难安排,通过种植户的多年摸索,筛选出比较成熟的种植模式,即鲜食大豆—桑苗。据调查,每 667 平方米鲜食大豆平均产量可达 500 千克,产值 1 200 元;直径 2. 5 ~ 3 厘米的草桑苗可达 15 万 ~ 17 万株,平均产值 6 000 元左右;此种植模式平均年 667 平方米纯利润 4 500 元左右。

(一)品种选择

鲜食大豆采用小拱棚栽培,选择近年来在萧山围垦大面积推广种植的优质早熟品种 95-1,该品种较耐低温。桑苗选择草桑为主。

(二)主要栽培技术

1. 鲜食大豆

(1)播种育苗 95-1 大豆为育苗移栽,一般在 2 月中旬地膜加小拱棚育苗,667 平方米大田用种量 7 ~ 7. 5 千克,每平方米苗床播种量 0. 5 千克,每 667 平方米大田需苗床 15 ~ 16 平方米。选择排灌畅通、质地疏松的地块做苗

床,播种时落籽要均匀,播后覆土,以不露籽为宜,然后搭好棚架盖上薄膜。由于早春气温低,出苗及秧苗生长慢,一般秧龄需 25 ~ 30 天。

（2）适时移栽 当秧苗第一真叶展开前选择晴天及时移栽,做到当天移栽当天搭棚盖膜,薄膜四周压好土,防止寒风吹膜伤苗。一般畦宽（连沟）1.3 ~ 1.4 米,每畦种 3 行,行距 35 ~ 40 厘米,株距 20 ~ 22 厘米,沟两边留空 15 ~ 20 厘米,667 平方米植 7 000 穴左右,每穴植 3 株,667 平方米苗数 21 000 株。

（3）科学施肥 一般采用施足基肥、适施追肥的施肥策略,以总肥量的 70% 作基肥,10% 作提苗肥,20% 作花荚肥;因基肥用量较大,应采用有机肥和化肥配合施用。在播种前 7 ~ 10 天,667 平方米用生物有机肥 150 千克或饼肥 40 ~ 50 千克、高浓度复合肥 20 千克、硼砂 0.5 ~ 0.75 千克作基肥;在第一复叶期 667 平方米施高浓度复合肥 5 千克作促苗肥;开花结荚初期施高浓度复合肥 5 ~ 7.5 千克作花荚肥;结荚中期施高浓度复合肥 5 千克、尿素 5 千克作鼓粒肥。

（4）病虫害防治 鲜食大豆病害主要有病毒病、白粉病和豆荚炭疽病。在苗期分别用 10% 吡虫啉可湿性粉剂或 20% 病毒 A 可湿性粉剂 2 000 倍液预防病毒病;始花期和鼓粒初期根据发生情况,分别用 50% 翠贝干悬浮剂 2 500 倍液和 50% 多菌灵可湿性粉剂 800 倍液喷雾防治白粉病;鼓粒期应预防豆荚炭疽病的发生,可用 40% 福星乳油 8 000 倍液或 50% 翠贝干悬浮剂 2 500 倍液喷雾防治。鲜食大豆害虫主要有地老虎、蚜虫、夜蛾和螟虫等。苗期防治地老虎可用 40% 毒死蜱乳油 800 倍液喷雾;蚜虫、夜蛾和螟虫可分别用 10% 吡虫啉可湿性粉剂 2 000 倍液、24% 米满 2 500 倍液和 40% 毒死蜱乳油 800 倍液喷雾防治。要全面推广生物农药和高效低毒低残留农药,严格按安全间隔期用药,多种农药交替施用。

2. 桑 苗

（1）播种育苗 5 月下旬至 6 月初,鲜食大豆收获后,清除田间杂物,用机械翻耕做畦,畦宽（连沟）1.6 米,耙平。草桑撒播,667 平方米用种量 2.5 ~ 3 千克,耙平后用滚筒压实。

（2）田间管理 播后管理是草桑全苗壮苗的关键,要根据桑苗生长各阶段的特点加强管理。从播种至长出 2 片子叶为出苗期,需 7 ~ 10 天,此期注意淋水补湿,保持苗地充分湿润,促使桑种发芽齐全。从出 2 片子叶至长 4 ~ 5 片真叶为缓慢生长期,此期靠地上部叶片进行光合作用制造营养物质才能正常生长。主要是做好灌溉、排水、追肥、间苗、补缺、除草。追肥以速效肥为主,

用肥量先稀后浓,多次薄施。长到 5 片真叶后进入旺长期,主要是做好除草、施肥,每月施肥 2~3 次,苗高 30 厘米后,根据桑苗生长情况确定是否施肥。

(3)除草 播后苗前用 10% 草甘膦 500 克加 33% 施田补 100 克对水 50 升喷雾封草;播后 35~45 天视田间草情,667 平方米用 50% 杀草丹 100 克加 20% 二甲四氯 300 克对水 50 升均匀喷雾。为了防止秧苗徒长,在第二次除草时加入二甲四氯,一般视苗情每 20 天喷 1 次,把秧苗高度控制在 30~35 厘米。

(4)施肥 在播前 667 平方米施高浓度复合肥 25 千克,撒施在畦面与表土拌匀耙平,轻轻压实,减少土粒间隙。齐苗后 5 天,施二元复合肥 4~5 千克或尿素 2.5 千克;间隔 15 天左右,施尿素 7.5 千克或高浓度复合肥 10 千克;4 个月左右施重肥,施尿素 15 千克;最后一次施肥在下叶前,施尿素 15 千克。

(5)病虫害防治 桑苗主要做好苗期根腐病、中期的卷叶虫的防治。

(新湾镇童文君、孙关兴)

五十九、梨园套种芥菜栽培模式

楼塔镇位于萧山南部丘陵山区,山林面积 0.3 万公顷(4.5 万亩),山坡地资源十分丰富,因而充分发挥山地优势,依靠科技进步,开发山区特色经济,发展优质高效农业,实现农业增效,农民增收,对楼塔基本实现农村农业现代化具有十分重要的意义。楼塔山清水秀、气候宜人,非常适宜发展蜜梨种植,全镇上规模的蜜梨基地达到 33.33 公顷(500 亩)。同时,境内低丘缓坡也非常适宜芥菜生长,农民已掌握芥菜的栽培管理和加工技术,已形成 200 公顷(3 000 亩)左右芥菜种植基地。

梨园套种芥菜是该镇新发展起来的一种高效种植模式,梨园的土壤肥力基本能满足芥菜的生长需要,芥菜收获后留下的根、茎、叶等增加了土壤肥力,促进了梨树生长,两者套种增加了土地利用率,减少了水土流失,达到优势互补。

(一)经济效益分析

蜜梨套种芥菜经济效益明显。蜜梨平均 667 平方米产量 1 500 千克,每千克平均价 4 元,产值 6 000 元;芥菜平均 667 平方米产量 2 800 千克,晒干后加工成香干菜梗约 84 千克,价格每千克 25 元,产值 2 100 元,两项合计 667 平方米产值 8 100 元,纯利润在 4 000 元左右。

（二）梨园栽培技术

1. 土壤管理和施肥

（1）园地深翻 每年秋季结合芥菜种植时间进行全园深翻,翻耕时要注意靠近树基处浅,逐渐向外加深,结合深翻施入基肥。

（2）追肥 每年5~6月份各施1次高浓度复合肥,667平方米施30~50千克,后1次追肥时要加硫酸钾25千克。结合喷药时加0.3%尿素进行根外追肥,采后施肥结合种植芥菜一起进行。

2. 整形修剪 翠冠梨树姿直立,树势偏旺,宜选择自然开心形树形。对当年生长枝,无论骨干枝与否,在6月底前一律拉到70°角度,冬季修剪时,继续调整保持60°~70°的开张角。拉枝不仅缓和了树势,促进花芽分化,从而提早结果,而且还因树体光照条件的改善使果树品质得以提高。因此,翠冠梨拉枝工作是初果期最重要的修剪工作,也是该品种早结、优质栽培的主要技术措施。在做好以拉枝为中心的夏季修剪工作的基础上,冬季修剪则以三大骨干枝的短截为重点,其余枝条一般长放不剪。随着树冠的扩大和结果增多,为控制结果部位外移可逐年加大短截力度,使每年都有充足的新枝,达到连年高产、稳产。

3. 疏果、套袋 翠冠梨自然坐果率高,需要以疏果来保持高产、稳产、增大果型和提高果实的外观品质。翠冠梨属早熟品种,疏果宜早,在谢花后20天左右,每花序选留1~2个果,花序间距15~20厘米。翠冠梨果皮底色虽为绿色,但果面具锈斑,在自然状态下皮色偏暗,因此在疏果后立即使用150毫米×195毫米双层梨果专用袋套袋。套袋后果实淡黄色、表面光洁、细嫩、加上翠冠梨果形端正,使外形极美,同时,套袋避免了梨蝽象、夜蛾的长期为害,减少喷药次数,减轻污染,降低了生产成本。因此,疏果加套袋技术是翠冠梨丰产、优质、高效栽培的关键。

4. 病虫害综合防治 有效地进行病虫害综合防治是翠冠梨早结、优质、高效栽培的技术保证。根据本地区几年来病虫害发生的特点,应重点抓好以下病虫害防治工作:2月底至3月初在梨树萌芽前用3~5波美度石硫合剂全面喷洒1次;梨树谢花后,每隔7~10天用15%的粉锈宁可湿性粉剂1 500~2 000倍液连续喷2~3次,防治梨锈病的发生;套袋前,分别用甲基托布津可湿性粉剂800倍液、菊酯类农药1 500~2 000倍液全面各喷1次,对梨黑星病、黑斑病及蚜虫、梨木虱、蝽象、食心虫等进行综合防治;果采收后至落叶前用多菌灵等药喷1~2次,尽量延长梨叶片的寿命。

（三）芥菜栽培技术

1. 品种选择 品种为黄金芥,叶丛较大而直立,叶青绿色,有细毛,单株长 30~40 厘米;抗性强,耐寒耐肥,肉质鲜嫩,根茎发达,是良好的干制品种。

2. 育苗 育苗时间一般为 9 月上旬至 10 月中旬,选晴天播种,秧龄 30 天左右。每 667 平方米大田需准备土壤肥沃、排灌方便的苗床 30 平方米;播种前要先给苗床浇足水,然后撒一薄层营养土(营养土的配制为每立方米过筛园土,均匀拌入腐熟粪肥 10~15 千克、高浓度复合肥 1~1.5 千克),撒播要均匀;播后盖营养土 0.5~1 厘米厚,视天气铺上稻草或遮阳网以保持苗床潮湿;出苗后要及时揭去稻草;在 2~3 片真叶期各间苗 1 次,拔去病苗、劣苗、杂苗,适中留苗,苗期看土壤肥力,施稀人粪尿 2~3 次,同时加强水分管理,遇干旱时及时浇水,并防治好蚜虫。

3. 整地做畦 定植前 10~15 天翻耕,畦宽由梨树株距而定,一般(连沟)140 厘米左右,其中沟宽 30 厘米、深 20~30 厘米,耙细整平,畦面龟背形。结合翻耕,每 667 平方米施腐熟有机肥 2 000 千克及碳酸氢铵 20 千克、过磷酸钙 10 千克、硫酸钾 10 千克、硼砂 1~2 千克。

4. 大田定植 定植时间一般在 10 月上旬至 11 月中旬,选择晴天傍晚进行。定植时先开好穴,将秧苗放入穴中,然后覆土,种植深度以不埋没菜心为度,最好加焦泥灰覆盖根部,并适当压紧,面施高浓度复合肥 15 千克。一般每畦种植 3~4 行,行距 30 厘米左右,株距 25~30 厘米,每 667 平方米 5 500 株左右。

5. 田间管理 定植后浇定根水,使其早缓苗、早发棵。栽后 7 天左右,每667 平方米浇施尿素 5 千克或稀人粪尿 250~300 千克;至 2 月中下旬,再施高浓度复合肥 15 千克,促进营养生长;以后视芥菜生长情况适当施肥。收获前20 天停止浇水施肥。

6. 病虫害防治 病虫害防治要从两方面着手。一是农业防治。选用抗病品种,深沟高畦栽培,增施有机肥,及时拔除病株,清洁田园;清除园内和四周的杂草,消灭越冬虫卵,减少虫源基数;叶面喷施 0.2% 磷酸二氢钾溶液,可以增强植株对病毒病的抗病性。二是化学防治。主要病虫害包括炭疽病、软腐病、黑腐病,蚜虫和菜青虫等。及时防治蚜虫,预防病毒病的发生,要合理混用、轮换、交替用药。禁止使用国家明令禁止的高毒、高残留农药及其混合制剂。

(楼塔镇楼仙法、余丹平、俞永和)

六十、幼龄茶园套种花生栽培技术

近年来,随着茶树良种化推广步伐的加快,萧山南片地区每年新建良种茶园有数十公顷。新茶园从种植到正式投产,一般需要 3～4 年的时间,由于茶叶树冠面尚未形成,覆盖率较低,茶园行间土地裸露面积较大,易造成土壤冲刷,导致土层变浅,土壤肥力下降,严重影响幼龄茶树正常生长。同时,也造成草荒现象,为消除杂草,每年除草不少于 4 次,增加了成本。在幼龄茶园套种花生等作物是解决上述问题的有效途径,能抑制杂草生长,减少除草费用,改善茶园小气候,有利于减少水土流失,疏松土壤,增加土壤通透性,促进茶树生长,经济及社会效益明显。

(一)适时播种

1. 种子处理 选成熟饱满的春花生果作种子,播前剥壳并进行粒选,用 0.5% 多菌灵可湿性粉剂拌种,预防苗期病害。

2. 适时播种 秋花生播种不宜太早,过早播种由于高温干旱的影响,易造成花生出苗差,营养生长过短;过迟因后期气温低,造成荚果不饱满。一般在立秋前后 10 天左右播种较适宜。

3. 耕种密度 一般在一年生幼龄茶园茶树行间种 3 行,二年生幼龄茶园茶树行间种 2 行,三年生幼龄茶园茶树行间种 1 行,每穴 2 粒。花生出苗期常遇高温干旱,一般耕种深度在 5 厘米左右为宜。

(二)科学施肥

花生苗期吸收的肥量仅占总生育期的 5%,到盛花下针时,养分吸收急剧增加,到结荚期生长发育最旺盛,吸收养分最多。而生长前期温度高,苗期生长时间短,营养积累少。所以,秋花生在施足基肥的同时,需要适量适时施用追肥。

(三)管 理

1. 及时除草 播种后出苗前进行除草,以防草荒。

2. 补苗 出苗后 3～4 天,应及时检查出苗情况,补好空穴。补种时种子宜先浸种催芽,补苗时用 3～4 叶的带土幼苗,提高移苗的成活率。

3. 病虫害防治 秋花生的主要病害有黑斑病、锈病、褐斑病及立枯病等,

害虫主要有斜纹夜蛾、蚜虫、地老虎及蛴螬等。在苗期以防治地老虎、蛴螬等害虫为主,可在耕种前 667 平方米用辛硫磷或乙酰甲胺磷 1 000 倍液喷施,茎腐病、立枯病应本着防治并举、防重于治的原则,做好种子消毒工作。

4. 喷施多效唑 秋花生从苗期至收获前会连续多次开花,并且荚果也陆续成熟。因此,可在盛花期后或收获前的 20 天左右喷施 1 次多效唑,可以有效防止枝叶徒长,并促进果实成熟。喷施浓度每升水加 200~300 毫克多效唑为宜。

(四)收获与贮藏

秋花生应及时收获,防止熟果在土中发芽,一般在霜降前应收获完成。收获后要及时晒干,花生种子的含水量低于 8%~10% 时才可安全贮藏。花生果收后,花生蔓作茶园的有机肥。

(楼塔镇俞永和、楼仙法、余丹平)

六十一、果园养鸡立体高效生态种养模式

果、禽立体高效生态种养模式技术应用,主要是利用围垦已建成投产的果园,在不影响果园正常生长和产出的情况下,配套放养一定数量的鸡,使其相互促进,达到投入资金少、省工省本、环保卫生、土地利用率和产出率高的目标,还能有效提高土壤有机质含量和产品质量,增强禽类机体的免疫能力。果园养鸡,鸡啄食果园内的杂草、果树掉下和地面的昆虫,解决了果园除草的问题,降低了果园虫口密度;同时,鸡粪便又是果园的最佳有机肥料,明显改善土壤结构;更可节省鸡场用地和基建用地,缓解用地矛盾、种养成本偏高等实际问题。2006 年在萧山围垦区蔡立军种养户的 6.67 公顷果园内进行了探索性试种试养,取得了明显的经济效益。6.67 公顷(100 亩)水果(翠冠黄花梨、水蜜桃),实产梨 17.64 万千克,桃 5.1 万千克,生态养鸡 16 225 千克,实现总产值 77.01 万元,利润 33.8 万元。水果 667 平方米产量从不套养的 1 500 千克提高到 2 200 千克;每 667 平方米放养优质肉鸡 100 羽,产量 150 千克;果园667 平方米产值从单一种植的 2 010 元提高到 5 230 元,且果品品质明显提高。

通过果园、鸡立体种植放养模式技术的应用,不仅能减少肥药、饲料、人工、基建及用地成本支出,又解决了因长期使用肥药造成的树体抗性减弱、树势恢复慢、大小年现象明显等难题和环境压力,取得了较好的生态效益。

（一）梨树优质高产栽培技术

1. 合理修剪 为配合果园养鸡,要剪除离地面 50 厘米以内的侧枝,给鸡创造自由活动的空间。梨树树体修剪的重点是注重枝组的培养,修剪量要适中。树势弱的,重短截骨干枝、延长枝;延伸过长的枝组,在强分枝处回缩短截;角度过大的骨干枝,在 2 ~ 3 年生部位回缩;花量过多的,重剪果枝,更新结果枝组减少部分花芽,促发新梢;骨干枝上的延长枝,从春梢中段短截,防止树冠扩展过快,并在骨干枝背上选用角度较小的枝,培养成为新的延长枝;并对紊乱的大型枝组实行回缩修剪,促其改变延长枝的方位,维持良好的树冠结构。树冠上部外围生长过多、骨干枝过密、主枝角度过小且树冠相互交叉的树,轻度剪截树冠外围枝,疏剪或回缩多年生主、侧枝,防止郁闭,改善光照条件。生长过弱、分枝过多、结果能力下降且结果部位外移的树,疏剪部分细弱枝,或在较强的分枝处短截回缩。

2. 疏果套袋 落花后 10 ~ 15 天应及时进行疏果,一般每个果实应具备 25 ~ 30 片叶,大部分品种 1 个果台留 1 个果,果与果之间平均间距掌握在 16 ~ 20 厘米。疏果结束后及时套袋,在梨树谢花后 2 周,即在 4 月 15 日左右,喷 1 次幼果保护剂(80% 大生可湿性粉剂 800 倍液加 10% 吡虫啉可湿性粉剂 3 000 倍液),待果面干燥后方可套袋。首先给每个梨果套一只涂蜡的白色小袋。同时在套小袋 1 个月后,加套 1 个外黄内涂白蜡的双层大果袋(二次套袋)。套袋时袋体应展开,幼果在袋的中部,避免袋纸与果面接触。

3. 病虫害防治 梨园主要病虫害有梨瘿蚊、蚜虫、梨木虱、梨锈病等,应对症下药和合理使用农药,并注意使用浓度和鸡圈养相结合。

（1）芽前喷药 2 月下旬至 3 月上旬在梨树萌芽前(梨花芽鳞片松动时)用 3 ~ 5 波美度石硫合剂全面喷洒 1 次。

（2）梨锈病 梨花谢花后,每隔 7 ~ 10 天用 15% 粉锈宁可湿性粉剂 1 500 倍液进行防治,连喷 2 次。

（3）梨瘿蚊 当发现有瘿蚊为害的卷叶时,应及时喷药,可叶面喷施 50% 敌敌畏乳油 600 倍液,或 48% 乐斯本乳油 1 000 ~ 1 200 倍液,或 1% 阿维菌素乳油 2 000 倍液等。

（4）蚜虫 可选用 10% 吡虫啉可湿性粉剂 3 000 倍液或 20% 蚜克星乳油 1 000 ~ 1 500 倍液等农药防治。

（5）梨木虱 掌握在第一代若虫出现盛期,集中喷药防治,药剂可选用 20% 扑虱灵可湿性粉剂 1 500 倍液或 10% 吡虫啉可湿性粉剂 3 000 倍液等,并

注意鸡的圈养。

(6) **其他**　还应加强对梨黑斑病、轮纹病以及梨网蝽、梨茎蜂、梨吉丁虫等的防治。

4. 疏枝摘心　长势较好的梨树,在4月中下旬抹去背生的新梢,当新梢长20厘米时宜对树冠上部的长梢进行摘心,促进树冠下部枝梢生长和幼果的膨大。其次,对一些生长势强、徒长枝发生较多的树,在进行适当疏剪的基础上,将强枝按40°角拉开,改善树体光照条件,缓和枝梢生长。

5. 科学施肥　果园养鸡后解决了果树有机肥的问题,用肥次数和用肥量明显减少。一般一年内施肥3次,在10~11月份将鸡舍内的鸡栏肥深施梨树一侧,增加土壤有机质;5月下旬667平方米施50千克三元复合肥和50千克硫酸钾,满足果实膨大和提高品质的需要;采果后667平方米施30千克三元复合肥供树体恢复之需要。对一些生长势较弱的树,在花后应及时追施适量氮肥,可结合喷药根外追施0.2%~0.3%的尿素加0.2%~0.3%的磷酸二氢钾溶液等。

6. 及时采收　采用分批采收,先采大果。

7. 全园翻耕　果园放养鸡后,地表经鸡踩踏后硬化,通透性下降,并且鸡粪便又在地表面。因此,必须在10月份进行果园地表土浅翻,也可结合施基肥进行。

(二) 鸡放养技术

果园养鸡要想取得较好的经济效益,在技术管理上主要应抓好以下几方面。

1. 选择合适的品种　果园养鸡要求鸡的抗病力强,环境适应能力强、耐粗饲。针对市场上体型较小、生长期适中、肉质好的黄羽肉鸡较受消费者欢迎的情况,应选择广东三黄鸡、广西麻花鸡、仙居鸡等地方品种或其杂交草鸡品种。

2. 抓好前期饲养管理,打好果园放养基础　小鸡在5周龄以前不宜在果园直接放养,在此阶段,要做好鸡新城疫、传染性法氏囊病、禽流感等免疫接种工作。饲料以营养全面的颗粒料为主,后期可添喂部分杂粮。室内温度采取逐步递减的方法,在放养前降低到与外界环境温度一致。

3. 选好场地,建好棚舍　坡地果园宜选择朝南、坡度较缓的地方放养;平地果园应选择地势稍高的地方;沙质土壤透气性、排水性好,细菌、病毒不易繁殖,更适宜放养。在果园内地势较高的地方建造鸡群补饲、过夜、避风躲雨的

棚舍。

4. 控制好饲养密度,合理补饲 果园养鸡在放养阶段的放养密度一般以每667平方米果园150~200只为宜,密度过高对果树正常生长不利,对鸡群的健康也会产生一定的影响。每天早、晚2次对鸡群进行补饲,补饲的量依鸡只的大小和果园内虫子、杂草的多少酌情增减。另外,果园内应有卫生、充足的水源供鸡饮用。

5. 严防农药中毒和鼠害等 在进行果树病虫害防治时,要选用高效低毒农药,并且分片用药,避免鸡群农药中毒。在果园内定期进行灭鼠和消毒工作也是非常重要的。

(南阳镇黄水木)

六十二、葡萄园放养本鸡立体经营模式

湘湖农场地处钱塘江南岸、三江汇合之处,属江河冲积后的湖沼围圩成,热量丰富,日照充足,土壤属中性小粉泥土,肥力较好。从1985年开始引种葡萄,以鲜食品种为主,至今已有20余年的历史,前期以专业生产葡萄为主,由于生产成本的不断上涨,果品销售价格却少有起色,为增加经济效益,提高土地利用率,2004年开始在4.67公顷(70亩)葡萄园内发展本鸡饲养,经过几年的摸索实践证明,葡萄园养殖本鸡切实可行,不但提高了经济效益,也促进了葡萄的生长与品质的提高。

(一)葡萄丰产优质栽培技术

1. 施肥 进入结果期的葡萄要合理施肥,开花前要控,坐果后要重施氮肥、钾肥等速效肥;着色期要施磷肥、钾肥为主。具体应根据当年挂果的情况、树势和不同品种而定,采果后要施足有机肥,可充分利用养鸡场的鸡粪肥,每667平方米用3 000~4 000千克,混入磷肥50~100千克,钾肥20~40千克。开沟深施。

2. 合理修剪,调节树势 葡萄修剪是影响翌年产量的关键,它包括整形与修剪两个方面,根据时间不同可分为冬季修剪与夏季修剪,葡萄的修剪按不同时期、不同品种、不同树龄、不同树势与架式所采用的方法有所不同。冬季修剪的目的是合理整形、保持树势健壮的前提下,留好一定数量的芽眼,调节生长与结果之间的平衡。冬剪在落叶后至伤流前进行。一般在12月份至翌年1月份进行,修剪以中梢为主,每枝留芽5~8个,长势差的要修剪重一些,

以每平方米 15 个芽左右,冬剪时结合绑蔓控强促弱。夏季修剪的目的是调整新梢长势,增强架面的通风透光,提高葡萄的坐果率,减少病虫的发生,具体可分为抹芽、摘卷须和绑蔓、主梢摘心和副梢处理、疏花疏果、疏穗等。

3. 病虫害防治 葡萄发生的病虫害较多,尤以病害为主,主要有炭疽病、霜霉病、白腐病、灰霉病等。害虫主要为透翅蛾、金龟子、天蛾、蜗牛等。除了冬季用石硫合剂清园外,生产期应选用高效低毒的杀菌剂防治病害,每周喷 1 次,同时考虑到对鸡的影响,如喷农药有毒,一定要等到毒性过后再放鸡。经过近几年放养害虫已大大减少,像蜗牛、蛴螬等葡萄主要害虫已基本没有发现,杀虫剂在葡萄园已停止使用。

4. 采收 葡萄成熟期在 7 ~ 9 月份,等葡萄充分着色、可溶性固形物在 16% 以上、总酸含量在 0.6% 左右时可分批采收。采收宜在晴天、多云和阴天进行,雨天不宜采收。采收后要进行整穗和分级,最后进行包装销售。

(二)葡萄园本鸡的养殖

葡萄园养殖的本鸡风味独特,品质好,无腥味,味道鲜美,颇受消费者欢迎。价格一般每千克在 30 元,效益高。2007 年 4 月份养殖本鸡 2 000 羽,至 9 月份销售一空,获纯利润 3 万余元。葡萄园养殖本鸡技术既是舍养技术的延伸,又有别于舍养,是各学科综合发展的一门技术,概括起来有以下几点。

1. 葡萄园仔鸡保温房的设计 保温房的面积根据饲养量确定,以每平方米 30 只小鸡计算,保温房内分为若干个小区,以每小区饲养 500 ~ 700 只来设计。如园内有空房亦可利用作为温室。

2. 1 ~ 3 周龄的仔鸡温室饲养 仔鸡幼小,抵抗力差,不能直接进入葡萄园饲养,因此一定要创造一个舒适的生长环境,为它们快速生长奠定基础。

3. 疾病防治 葡萄园养鸡,鸡的活动范围广,疾病防范难度大,人员进出多,因此防疫工作要求质量高,剂量足,按照免疫程序逐只进行免疫接种。特别是对新城疫、马立克氏病、传染性法氏囊病、禽流感等主要传染疾病丝毫不能放松。同时要做好定期消毒,空舍消毒,进场消毒,发现病鸡隔离饲养,避免交叉感染造成不应有的损失。另外,放养鸡只容易引起蛔虫等寄生虫感染,需要定期防疫。

4. 过好脱温关 脱温期特别是外界气温低,内外温差大,仔鸡抵抗力低,调节功能差,不能适应环境的变化,因此要选择天气暖和的晴天放养。开始几天每天放养 2 ~ 4 小时,以后逐渐增加放养时间,使仔鸡渐渐适应环境的变化。

5. 放养密度 出温房后第一周,以每 667 平方米果园放养 1 500 ~ 2 000

只,第二周龄以每 667 平方米放养 1 000～1 500 只,第三周龄起密度逐渐放低,以后逐渐任意放养,这样鸡粪肥养果园小草、蚯蚓、昆虫等,鸡只啄食小草、蚯蚓、昆虫等,如此重复形成生态食物链,达到鸡果双丰收。

6. 喂料的次数、数量和营养水平 除第一周早、晚在舍内喂饲料外,中餐在休息棚内补饲 1 次。第二周起中餐可以免喂,饲喂量由放养初期的足量减少至七成,5 周龄以上的大鸡可以降至六成甚至更低些,晚餐一定要喂足。营养标准由初期的全价料逐步转换成谷物、青饲料为主,采食更多的有机物和营养物,提高鸡的品质、品位。

7. 品种的选择 这是个至关重要的问题,应根据市场要求来确定,平时一般 3 口之家每餐只需要 1 000 克左右的鸡即可,因此要选体型较小的广东三黄鸡、广西麻黄鸡等。供应春节市场应选用体型较大的鸡种。

8. 注意防范病虫害 葡萄生长期间主要以防病为主,害虫相对较少;同时养殖鸡群可减少虫害的发生,葡萄园养鸡后,大大减少了成熟期蜗牛的为害,金龟子、天蛾等也大大减少。在防治病虫害选用的农药上应尽量选用高效低毒的杀菌剂,同时巧妙安排,穿插进行,药性没有过安全期的,一定要待毒性过后再放养。

9. 注意天气变化 冬季注意强冷空气南下影响,夏天注意雷雨暴风,尤其是头一两周。同时,还要防止天敌和兽害。

10. 销售 一般经过葡萄园放养的本鸡,120 天后品质已经很好,充分体现鸡肉的香、鲜口味,皮色自然浅黄,肉坚韧,可陆续上市销售。

(三)葡萄园本鸡立体经营值得注意的几个问题

第一,注意葡萄园农药的使用品种,严格控制剧毒农药使用,以免鸡只中毒死亡。要及时防治鸡病,免疫工作要求质量高、剂量足。

第二,要做好防逃措施,四周用塑料网片等围栏围好。防止各种兽害如黄鼠狼、野猫等危害。防止鸡只在小水塘或农药池里淹死。

第三,葡萄栽培架式不宜用篱架,否则成熟期鸡只会啄食葡萄,造成损失。

第四,葡萄园养鸡在选用饲料上前期以全价饲料为好,1 个月后选择以谷物为主的粮食饲料为主。葡萄落叶期养鸡,葡萄园地面可种一些蔬菜等青饲料,减少饲料成本的投入。园地内要有洁净的水源供鸡饮用,也可挖深井解决鸡的饮水问题。

第五,建造鸡舍时离葡萄销售点距离要远些,以免鸡粪恶臭孳生蚊、蝇影

响葡萄销售与卫生。

第六，要树立品牌意识。鸡只销售时要严格把关，不足月的坚决不销售，放养的本鸡一定要经过 120 天才能出售，这样的鸡才会鲜、香、黏。

葡萄园养殖本鸡总结起来有三大好处：一是鸡能除草，还能灭虫，每 667 平方米放养 50 只鸡，一年基本上可不用除草。二是提高土壤肥力，减少肥料投资，提高葡萄品质。鸡粪含丰富的氮、磷、钾等果树生产所必需的营养元素。三是提高鸡的品质。葡萄园放养本鸡由于活动量大，环境舒适，有利于鸡的生长，减少疾病发生，饲养周期长，吃食青草、昆虫等有机饲料，鸡肉品质上佳，使"湘湖葡萄"、"湘湖鸡"，走得更远。葡萄园放养本鸡取得了较好的经济效益，2007 年葡萄、本鸡两项合计每 667 平方米获利 3 000 元左右。

（湘湖农场谢建明，闻堰镇金燕忠）

六十三、梨园立体生态种养模式的应用

杭州萧山永富果蔬种植场，位于萧山区新湾镇梅林湾某部队农场的北端，是杭州市都市农业示范园区、区都市农业示范基地，区农业龙头企业。园区总面积 70 公顷（1 050 亩），其中核心区块 46.67 公顷（700 亩），以生产优质早熟梨为主，在梨园内开展蔬菜间作套种和鹅放养的立体种养技术应用，取得了良好的经济效益、生态效益和社会效益。

由于梨园地处萧山围垦地区，长年的梨树种植和旱作，使有些地块产生返盐现象，如不采取有效措施，改善土壤环境，就会严重影响梨树生产。因此，通过对园区的一系列生态整治，并于 1998 年实施立体种养模式的尝试（图 9），达到了改善土壤环境、降低生产成本、提高单位产出率的目的。

（一）土壤环境整治

1. 完善和建立园内灌、排水系统　清理灌、排水沟，在梨园最低处挖 6 670 平方米的聚盐水池，建设灌、排水机埠，使园区灌、排水自如，灌溉和洗、降盐功能健全。在干旱季节园区能进行节水灌溉和洗、降土壤盐分，使盐分积聚在洗盐水沟和聚盐水池，达到土壤盐分下降的目的。在多雨季节能及时达标排水，以降低梨园的地下水位。

2. 梨园合理套种蔬菜和牧草　自 1998 年以来，在梨园内合理套种榨菜、甘蓝、绿花菜、大白菜等各种蔬菜及部分牧草，达到对土地的全面覆盖，并禁止化学除草，实行机械割草，以保障土壤结构免遭破坏，抑制了土壤中盐分上升。

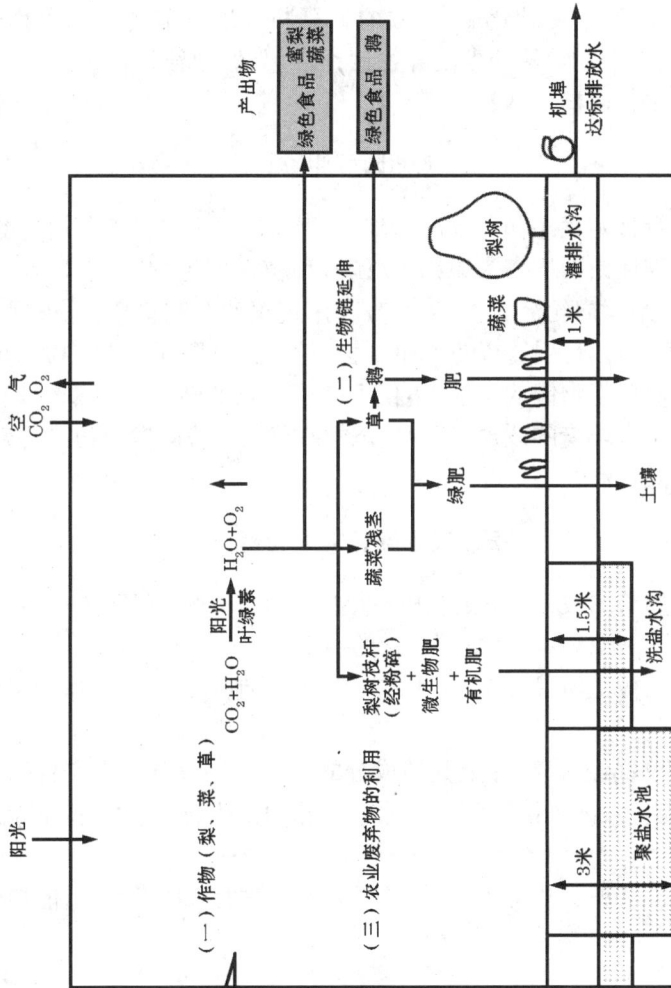

图 9 生态流程模式

投入物

1. 经腐熟有机肥
2. 微生物肥
3. 符合绿色食品要求的高效低毒农药
4. 少量无NO_3离子的化肥
5. 雨水及符合农用水标准的海水

（一）作物（梨、菜、草）

$$CO_2+H_2O \xrightarrow[\text{叶绿素}]{\text{阳光}} H_2O+O_2$$

（三）农业废弃物的利用

梨树枝杆（经粉碎）+ 微生物肥 + 有机肥

蔬菜残茎

（二）生物链延伸

草 → 鹅 → 肥

绿肥

蔬菜残茎

空气 CO_2

空气 O_2

阳光

产出物

绿色食品 童梨 蔬菜

绿色食品 鹅

梨树

蔬菜

肥

绿肥

土壤

灌排水沟

1米

1.5米

洗盐水沟

3米

聚盐水池

机埠

达标排放水

3. 科学施肥 增施有机肥和微生物肥料,少量施用符合绿色食品要求的化肥,杜绝使用含硝态氮的化肥;建立农家肥料堆置发酵场地和收集运输系统,充分利用梨园产生的秸秆等废弃物制作堆肥,做到秸秆还田,以增加土壤肥力和有益微生物菌群的增长。

(二)延伸园区生物链

在梨园实行种植蔬菜和养草的基础上,于每年的3月份放养适量的白鹅。鹅群大小以不破坏梨园生态为原则,使园区种植业的生物链得以延伸。鹅群由专人管理,在梨园内轮流放养,可充分利用蔬菜残茎和青草,也可辅助机械割草,抑制青草的过分生长,以免产生草害。鹅的粪便亦在梨园内成为改良土壤的有机肥。此项生物链的延伸,不仅提高了生物的转化效率,增加了产出,也有利于园区生态环境的改善,实现生态的改善和经济的发展相得益彰,进一步提高了经济效益和社会效益。

(三)农业废弃物的利用

梨树冬季修剪的枝杆,是梨园内最大的农业废弃物,而且在这些枝杆中,蕴藏着大量病菌和虫卵,也是梨园潜在的病虫发生源之一。

一是梨树枝杆经粉碎,加入微生物肥料,和其他有机肥一起作为梨树的基肥,施入土壤。

二是梨树枝杆经粉碎,加上其他成分的原料,做成菇棒,生产食用菌。生产后的食用菌菇棒,再次粉碎后和其他有机肥的微生物肥料一起作为梨树的基肥。

这些措施既增加了梨树的肥料,又消灭了梨树的病虫发生源,能使生态环境良性发展。

(四)经济效益和社会效益

第一,开展生态农业和立体农业的建设。使园区内土壤环境得到优化,土地返盐的问题得到遏制,确保园区果、蔬生产持续发展,产出的绿色食品"蜜梨和蔬菜"在市场上受消费者青睐。通过生物链延伸的新增产业——白鹅养殖,达到了农业生态环境和农业经济效益的双赢。

第二,在大量梨树枝杆实行了秸秆还田后,不但起到节省有机肥成本和改善土壤环境的作用,也减少了果园病虫害的发生,节省了病虫害防治成本,提高了果品的产量和质量。

第三,采取洗盐、降盐及套种蔬菜、种草、养鹅等,改善土壤生态环境和延伸生物链的举措,不但增加经济效益,也为同类型土壤条件的果园提供了可持续发展的新模式。

梨园立体生态农业种养模式技术的应用,为建设绿色可持续发展的新农村提供了借鉴,具有较好的经济、生态和社会效益。

(新湾镇童文君、孙关兴)

六十四、猪—蚯蚓—牧草种养结合模式

随着人民群众生活水平的提高,休闲农业得到了广大市民的青睐,垂钓业快速发展,钓鱼用的蚯蚓市场需求量大,出现了一些蚯蚓养殖场。养猪场产生的废弃物——猪粪及产房用过的稻草,是蚯蚓养殖最好的饵料,蚯蚓养殖后的土地松软、肥沃,非常适宜种植蔬菜和牧草,牧草又是母猪喂养中很好的青饲料。萧山兴旺养殖公司多年来采用猪—蚯蚓—牧草种养结合模式,取得了显著成效,值得借鉴和推广。

(一)模式介绍

蚯蚓繁殖力强,生长快,喜好松软肥沃的土壤和垫草。在生猪养殖过程中,母猪产仔时须用柔软的稻草给新生仔猪擦拭,并在地上铺垫一层,给仔猪保暖,同时,猪场污水沟及污水沉淀池中打捞出来的湿猪粪,须晒干处理后再放入堆粪房,费时费力。这些沾有猪粪等污物的稻草和湿猪粪都是养殖蚯蚓的原料,养殖蚯蚓后的泥土变得非常松软、肥沃,适宜牧草的种植。

蚯蚓养殖和牧草种植可采用轮作的方法,养 2～3 年蚯蚓后的泥土用来种牧草,种牧草后的泥土用来养蚯蚓。黑麦草营养丰富,适口性好,生长季长,产量高,是首选的牧草品种。一般是 10 月份开始播种,11 月中下旬就可开始象韭菜样割至翌年 4、5 月份,黑麦草采收后又可改种其他牧草,如菊苣、空心菜、番薯藤、包心菜等。黑麦草及其他牧草最好能分批播种和采收,以保证猪常年有青饲料供应。而猪粪及养殖蚯蚓产生的蚓粪等则在牧草种植中作为基肥,在翻地前施入。

(二)模式的优点

1. 种草养猪能明显提高母猪繁殖力,节约饲料成本 根据兴旺养殖公司 6 年多的养猪和牧草种植经验来看,给母猪喂养黑麦草等青饲料有以下优点。

（1）提高母猪繁殖率和仔猪断奶体重　黑麦草、菊苣等牧草中含有丰富的维生素、粗蛋白质，营养丰富，适口性好，母猪爱吃，可促进母猪泌乳，有利于哺乳仔猪的生长发育。一般每头哺乳母猪上下午各喂一次青饲料，每头每次0.75千克，28天仔猪断奶体重一般可达到7千克左右；空怀及妊娠母猪每天饲喂青饲料2次，每头每次2千克，空怀母猪的体况可明显好转，牧草还有一定的催情作用，一般母猪在断奶后7～10天内均能发情，且发情明显，受孕率高。

（2）节约饲料成本　兴旺养殖公司存栏母猪550头，常年种植青饲料1.33公顷（20亩），平均每头母猪每天喂青饲料1.8千克，折合精饲料约0.25千克，则每天可节约精饲料137.5千克。一年可节约精饲料50 187.5千克，每千克精饲料按2.10元计算，则可节约精饲料成本10万多元。而1.33公顷青饲料地管理人工工资约3万元，则净节约成本7万元。

2. 养殖蚯蚓能改善地力，增加收入　"大平2号"蚯蚓是目前钓鱼专用蚯蚓，市场需求量大，批发价每千克30元。兴旺养殖公司每年养殖0.2公顷左右的"大平2号"蚯蚓，年产蚯蚓3 000千克，收入9万元。除去人工工资约2万元，获净利7万元。而且，养殖蚯蚓后的泥土（即蚓粪）具有很好的肥力，用于种植蔬菜、黑麦草及其他青饲料，均能获得高产。

3. 改善环境，变废为宝　污水沟及污水沉淀池内的湿猪粪打捞出来后，可直接用于蚯蚓养殖，免去翻晒湿猪粪引起的臭气和污染，明显改善猪场环境。

猪粪经堆积发酵后可供种植业作有机肥施用，而母猪产房用过的稻草由于肥力不够，体积又大，养猪场往往是晒干后将其烧掉，既费时费力，又污染空气。一个传统养殖方式下的年出栏5000头的猪场每年消耗稻草3～5吨。这种产房用过的稻草是蚯蚓养殖很好的饲料，养殖667平方米蚯蚓每年约需5吨稻草。蚯蚓养殖后的稻草已腐熟，并被蚯蚓消化，产生蚓粪，肥力增加，是种植业的好肥料。这样，通过蚯蚓养殖，充分利用了产房稻草，变废为宝，也减少了污染。

（三）蚯蚓养殖和牧草种植技术要点

1. 蚯蚓养殖技术　蚯蚓选用日本引进的"大平2号"，繁殖力强，产量高。一般采用露天堆肥养殖。可利用一切空闲地，不需任何投资设备，养殖成本低。为便于操作管理，将土地整理成高约10厘米、宽约1米的条带状，作为蚓床，中间留30厘米宽的走道便于走路及排水。蚓床上放入未经发酵的猪粪作

为蚯蚓饵料,厚度约 10 厘米,放入蚓种,盖好稻草(可利用母猪产房用过的稻草),遮光保湿。新鲜猪粪饵料最好搞成小堆块状,含水量为 60% ~70%,疏松透气,否则猪粪发热会造成蚯蚓死亡。

蚯蚓须经产茧、孵化、生长 3 个阶段。"大平 2 号"蚯蚓每条年产茧约 57 个,蚯蚓茧米白色,油菜籽大小,每个茧可孵化出幼蚓 4 ~8 条。不同的温度、湿度,蚯蚓的生长速度也不同。为获得蚯蚓高产,在蚯蚓饲养管理上应注意以下几点。

(1)饵料的投喂 及时喂给蚯蚓充足的饵料,是保证蚯蚓快速生长的重要措施。饵料要尽量新鲜,使用未经发酵的猪粪。若用沉淀池及污水沟内的湿猪粪,则需每天打捞,保证新鲜,打捞出来的湿猪粪可轮流喂给各区块蚯蚓。饵料投喂要薄饲勤翻,每月给料 3 ~5 次,上料前先翻床(上面稻草翻开),每次给料厚度为 3 ~8 厘米,然后盖上稻草。饵料投喂采用堆块上投法,不要将床面盖满,不求平整,以便分离蚯蚓。尽管饵料相同,由于其碎细度不同,幼蚓的生长速度可相差 1.5 倍,所以要保持饵料呈碎细状,避免饵料有大小团块(如出现团块,可用水浇湿捣碎),保证蚯蚓快速生长。

(2)蚯蚓养殖温度、湿度 最佳温度为 15℃ ~25℃,最佳相对湿度 60% ~80%(实际操作中,湿度掌握是以用手握料,指缝滴水为准)。冬季 1 ~2 月份,蚯蚓要注意保温,加盖稻草,再加塑料布,保温、保湿。夏秋季在蚓床上方 1 ~1.5 米高度搭遮阳网遮荫,高温时每天浇 1 次水降温。在连阴雨天或暴雨过后,应注意疏水,防止因蚓床内不透气,蚯蚓外逃。

(3)适时采收 养殖床上蚯蚓密度达到每平方米 2 ~3 万条,80% 个体达到 0.3 克以上,是最佳采收时间。夏季每月采收 2 ~3 次,春、秋季节每月采收 1 ~2 次,采收后及时补料。冬季 1、2 月份气温在 5℃ 以下时停采,防止蚯蚓冻死。采收可采用人工挑拣采收,挑选大的出售,小的继续留养,这样采集的蚯蚓大小均匀,且产量高,但相对费时。为省人工,也可集中采收,采收前 24 小时,浇足水,然后将养殖床上面 10 厘米饵料的 70% 集中在塑料布上,利用蚯蚓怕光的特点,逐层扒开,将饵料扒净,最后,使蚯蚓集中在底层,达到收集目的。

猪粪及稻草均是蚯蚓的饵料,一层层添加上去,蚯蚓产出蚓粪,也要一层层清除。清除出来的蚓粪可先堆放在一边。蔬菜或牧草需要施肥时,将它撒播于蔬菜和牧草地里。

2. 黑麦草种植技术 黑麦草属禾本科多年生牧草,具有生长快、产量高、繁殖力强、适应性强、优质易种等优点,种植方法比较简单,一般可采用条播和

撒播两种方法。黑麦草性喜凉爽,播种期在 10 月中旬至 12 月上旬。为延长黑麦草的利用期,最好能分批播种,第一批在 10 月中下旬播种,11 月播第二批,最后一批在 12 月上旬播种。播种前要深翻土地,精耕细作,施足基肥(猪粪),667 平方米施 1 000 ~ 1 500 千克,可撒播、条播,以撒播为主,每 667 平方米用种 2.5 ~ 3 千克。播种后要覆盖一层 1 厘米厚的薄土,要保持土壤湿润,干旱时要适当浇水,以促使种子发芽与幼苗生长。

一般当黑麦草长到 40 ~ 50 厘米高时,就可像割韭菜一样割下喂猪。此时草嫩,利用率高且割后能促使分蘖,加快生长。冬末春初,由于气温低,黑麦草生长慢,适当减少收割次数。3 ~ 5 月,随着气温的上升,黑麦草的生长速度加快,每隔 15 天左右就可收割 1 次。前 3 次收割要贴地平割,有利分蘖,以后可留茬高 5 ~ 7 厘米,以增加收割次数。每次收割后最好能根据土地肥力适当追肥,可利用猪场沉淀池内的污水进行浇灌,或者在收割后的黑麦草地上撒施蚯蚓粪。

(四)应注意的事项

第一,黑麦草利用期主要在冬春季,从 11 月至翌年 4 月或 5 月。黑麦草后应及时改种其他夏秋季牧草。菊苣或空心菜 4 月开始播种,5 月开始收割,可利用至 11 月;番薯藤则在 4 月底 5 月初扦插,6 月即可开始割藤一直到 11 月;包心菜则是在 8 月育秧播种,9 月、10 月或 11 月采收。猪场要根据各类牧草的生长采收期不同,进行配套种植,充分利用土地,并保证全年有青饲料可采收。

第二,牧草地与养殖蚯蚓的土地最好 2 ~ 3 年轮换 1 次。蚯蚓养殖后的土壤种植牧草和蔬菜的,可适当减少基肥的使用。

第三,在蚯蚓养殖中可充分利用沉淀池及污水沟内的猪粪,但沉淀池及污水沟内的猪粪需每天打捞,投喂给蚯蚓,做到薄饲勤喂,以保证饲料的新鲜。

第四,猪场可根据本场垫草使用量来估算蚯蚓养殖面积。一般养殖 667 平方米蚯蚓 1 年可消耗垫草 5 吨、猪粪 50 ~ 80 吨。

(区农业局梁红昶,萧山兴旺养殖公司乌晓强)

六十五、围垦规模经营成效显著

北干街道现有围垦土地 273.8 公顷(4 107 亩),位于萧山十四、十五工段两个地段。因围垦土地远离城镇和厂矿企业,环境卫生、无污染源。特别是可

以大力发展名特优水产品、花卉苗木和无公害蔬菜等基地,经济效益明显。

2002 年,街道在各村的配合支持下,实施了"东江围垦土地经营机制转换",经努力,使东江围垦土地经营机制转换顺利推进,规模经营基本完成,且在逐年的建设改造下,达到"田成方、林成网、渠相通、路相连、旱能灌、涝能排"的设计要求和"布局区域化、作业机械化、服务系统化、生态良性化"的目标。

(一)围垦规模经营前的生产状况

2002 年前,北干街道围垦共有土地 273.8 公顷(4 107 亩),由 12 个行政村分散管理,有 2 个农业车间和 164 户承包经营户。农业车间从事常规鱼养殖和"麦—稻"轮作,经营面临亏损;承包户经营面积大小不等,年龄多在 50 ~ 70 岁,市场信息封闭,科技应用意识和投资开发能力薄弱,仅有麦(油)—稻、麦(油)—大豆—稻、小麦—棉花等传统种植模式,经济效益较差。据对围垦49 户承包户 93.32 公顷(1 399.8 亩)经营面积调查,2000 年平均 667 平方米产值 716.63 元,纯收入 228.03 元;2001 年平均产值 1 176 元,纯收入 428 元。特别是在自然灾害年景,许多承包户竟然连每 667 平方米 80 ~ 120 元的土地承包款也难以支付,影响了集体经济利益。

(二)围垦规模经营策略

2002 年,北干街道把围垦资源开发作为拓展北干农业发展的样板,出台了围垦土地规模经营的政策和策略,拟定了具体实施方案。首先,把围垦土地划分为水产、苗木、蔬菜 3 个区块;第二,把农业车间和承包户分散经营的土地集约由街道统一管理;第三,合理处理好农业车间和承包户的资产转让和评估补偿工作;第四,把已有十几年或二十几年久居在围垦的承包户进行妥善安置,让他们放弃没有创造力和明显经济效益的围垦土地承包经营权;第五,对坚持要求留在围垦的 12 户承包户,单独划定一个安置区块和 1.33 公顷(20亩)核定面积,让他们按蔬菜区块的生产模式从事经营。

街道按区块划定进行统一招投标发包,水产养殖区块有中标养殖户 4 户,连片总面积 137.87 公顷(2 068 亩);苗木区块有中标专业户 5 户,连片种植面积 69.74 公顷(1 046 亩);蔬菜综合区块有 19 户农户,总面积 66.2 公顷(993亩)。

(三)围垦规模经营的现状

2007 年,围垦区域基本达到"田成方、林成网、渠相通、路相连、旱能灌、涝能排"的现代化农业生产格局,有效改善了生态和经营环境。一是加强基础设施投入。街道和村两级筹资 150 多万元,重建桥梁 5 座。通过土地整理和标准农田建设项目的落实,改造了路、渠、沟等配套设施,对方便运输和排灌、提高围垦开发效益奠定了基础。并且每年均在承包费收入中统筹 45% 的资金用于水、电、路等配套建设。二是加强生产经营投入。在水产养殖方面,规模经营后投入开发及设施配套资金 580 万元,投入生产成本 516 万元。在苗木基地上投入生产和配套设施资金 370 万元。

从实施效果看,规模经营提高了土地产出率,经济效益明显增加。一般可年产粮食 35 吨,瓜果、蔬菜 2 380 吨,生产淡水鱼 702 吨、蟹 17 吨、白对虾 438 吨,销售苗木 878 万元,年产值 2 566 万元。据 2003 年调查,南美白对虾 667 平方米产量 514.5 千克,产值达 12 348 元,减去生产成本 4 787 元,纯收入达 7 561 元;苗木种植效益常年 667 平方米产值近万元,比原来提高 8 ~ 10 倍。

通过土地经营机制调整,不仅承包款按合同及时上交,而且价格也相应提高。连片苗木和水产养殖基地,不仅上档次,而且效益高。2006 年承包总收入 109 万元,按实施细则要求 10% 作为管理费,扣除排灌水费 10 万元后,45% 作为基础设施投入,返回到各村平均每 667 平方米 271 元,比原来收缴承包款增加 87 万元,增收近 4 倍。农业承包款返回可直接参加农户分配,全街道人均增加收入 17 元。

在科技应用上,由于规模经营和规范管理,具备了实施科技项目的能力。在杭州北干花木合作社和区级农业龙头企业北干水产养殖有限公司的带动下,2003 年以来先后申报实施了"浙江省农业标准化示范项目"、"杭州市南美白对虾淡化育苗种子种苗工程"、"杭州市都市农业示范园区建设项目"、"萧山区水产科技攻关和农业丰收项目"等。项目的实施,不仅提高了科技应用和创新能力,也增加了经济、社会和生态效益,使围垦土地规模经营成为一个成功发展的例子。

(北干街道许关荣、厉才根)

后　记

　　通过一年多的努力,由杭州市萧山区农业技术推广中心和浙江省农技推广基金会杭州萧山区执行部联合组编的《农作制度新模式与技术》一书,已经顺利出版。

　　在本书编辑和出版的过程中,得到了各级领导的热情帮助:浙江省农技推广基金会会长许行贯非常关心本书的出版,不仅审阅了文稿,还为本书题写了书名和《序言》;省农技推广基金会副会长费根楠、肖东荪等领导对本书的编辑出版工作提出了许多宝贵的意见建议;省农技推广基金会副秘书长费槐林在本书编写之前,还为作者和编辑人员作了农作制度创新方面的专题辅导;同时,浙江省农技推广基金会杭州执行部的安志云、白长生等领导也为本书的出版花费了很多的心血,在此一并表示感谢。

　　在本书编写的过程中,萧山区农业局、萧山区各镇街、部门的领导和农技干部给予了大力的支持,不仅积极配合本书的编写工作,还承担了大量的撰稿任务,确保了本书的顺利出版。在此,对所有参与本书编写工作的各位领导和作者表示深深地敬意。

　　当然,由于水平有限,本书难免存在纰漏,敬请广大读者批评指正。

编　者

2008 年 11 月

金盾版图书，科学实用，
通俗易懂，物美价廉，欢迎选购

现代中国养猪	98.00 元	小猪科学饲养技术	
科学养猪指南(修订版)	23.00 元	（修订版）	7.00 元
简明科学养猪手册	9.00 元	母猪科学饲养技术	9.00 元
科学养猪(修订版)	14.00 元	猪饲料配方 700 例	
家庭科学养猪(修订版)	7.50 元	（修订版）	10.00 元
怎样提高养猪效益	9.00 元	猪瘟及其防制	7.00 元
快速养猪法(第四次		猪病防治手册(第三次	
修订版)	9.00 元	修订版)	16.00 元
猪无公害高效养殖	12.00 元	猪病诊断与防治原色图谱	17.50 元
猪高效养殖教材	6.00 元	养猪场猪病防治	
猪标准化生产技术	9.00 元	（第二次修订版）	17.00 元
猪饲养员培训教材	9.00 元	猪防疫员培训教材	9.00 元
猪配种员培训教材	9.00 元	猪繁殖障碍病防治技术	
猪人工授精技术 100 题	6.00 元	（修订版）	9.00 元
塑料暖棚养猪技术	8.00 元	猪病针灸疗法	3.50 元
猪良种引种指导	9.00 元	猪病中西医结合治疗	12.00 元
瘦肉型猪饲养技术		猪病鉴别诊断与防治	13.00 元
（修订版）	6.00 元	断奶仔猪呼吸道综合征	
猪饲料科学配制与应用	9.00 元	及其防制	5.50 元
中国香猪养殖实用技术	5.00 元	仔猪疾病防治	11.00 元
肥育猪科学饲养技术		养猪防疫消毒实用技术	8.00 元
（修订版）	10.00 元	猪链球菌病及其防治	6.00 元

　　以上图书由全国各地新华书店经销。凡向本社邮购图书或音像制品，可通过邮局汇款，在汇单"附言"栏填写所购书目，邮购图书均可享受 9 折优惠。购书 30 元(按打折后实款计算)以上的免收邮挂费，购书不足 30 元的按邮局资费标准收取 3 元挂号费，邮寄费由我社承担。邮购地址：北京市丰台区晓月中路 29 号，邮政编码：100072，联系人：金友，电话：(010)83210681、83210682、83219215、83219217(传真)。